ゼロから合格！

MOS Word 365

対策テキスト＆問題集

宮内明美

技術評論社

目 次

Chapter 0

Wordの基礎 25

0-1 画面構成と基本操作 26

0-2 入力と変換 30

0-3 ショートカットキー 38

Chapter 4

参考資料の作成と管理　159

別冊：練習問題・模擬試験解答

免責
- 本書に記載された内容は、情報の提供のみを目的としています。本書を用いた運用は、必ずお客様自身の判断・責任において行ってください。
- ソフトウェアに関する記述は、特に断りのない限り、2024年2月現在の最新バージョンに基づいており、下記の環境で執筆されています。

　OS：Windows 11 Pro
　Office：Microsoft 365
　画面解像度：1920×1080

ソフトウェアのバージョンによっては、本書の説明とは機能・内容が異なる場合がございますので、ご注意ください。

以上の注意事項をご承諾していただいたうえで、本書をご利用ください。これらの注意事項に関わる理由に基づく返金・返本等のあらゆる対処を、技術評論社および著者は行いません。あらかじめご了承ください。

- 本書中に記載の会社名、製品名などは一般に各社の登録商標または商標です。なお、本文中には™、®マークは記載していません。

MOS について知る

試験の概要

⬤ MOS とは？

MOS（Microsoft Office Specialist、マイクロソフト オフィス スペシャリスト）とは、Microsoft社が行っている Office アプリの技能試験です。Excel、Word、PowerPoint などの各アプリの知識や操作スキルを評価します。世界的に行われている試験であり、合格認定証は世界共通のものとなっています。日本ではオデッセイコミュニケーションズ社によって実施・運営されています。

⬤ 試験方式と出題範囲

■ MOS の試験科目

試験はアプリごとにわかれています。さらに、アプリのなかでもバージョンとレベルが複数あります。現在行われている試験科目は下記のとおりです（2024年3月時点）。

試験科目	バージョン	
	一般レベル	上級レベル（エキスパート）
Word	Word 365	−
	Word 2019	Word 2019 エキスパート
	Word 2016	Word 2016 エキスパート
Excel	Excel 365	Excel 365 エキスパート
	Excel 2019	Excel 2019 エキスパート
	Excel 2016	Excel 2016 エキスパート
PowerPoint	PowerPoint 365	−
	PowerPoint 2019	−
	PowerPoint 2016	−
Access	−	Access 2019 エキスパート
	Access 2016	−
Outlook	Outlook 2019	−
	Outlook 2016	−

本書は Word 365 に対応したテキスト・問題集です。Word 365 の一般レベルの試験レベルは「文字サイズやフォントの変更、表の作成・編集、作成した文書の印刷など、Word での基本的な編集機能を理解している」とされています。

■ Word 365 の出題範囲

Word 365 の出題範囲は下記の表のとおりです。機能と操作ごとに整理されています。

なお、本書はこの出題範囲にあわせて構成されています。本書を読めば自然と出題範囲を網羅できるので、安心してご利用ください。

文書の管理		
文書内を移動する	文字列を検索する	
	文書内の他の場所にリンクする	
	文書内の特定の場所やオブジェクトに移動する	
	編集記号の表示/非表示と隠し文字を使用する	
文書の書式を設定する	文書のページ設定を行う	
	スタイルセットを適用する	
	ヘッダーやフッターを挿入する、変更する	
	ページの背景要素を設定する	
文書を保存する、共有する	別のファイル形式で文書を保存する、エクスポートする	
	組み込みの文書プロパティを変更する	
	印刷の設定を変更する	
	電子文書を共有する	
文書を検査する	隠しプロパティや個人情報を見つけて削除する	
	アクセシビリティに関する問題を見つけて修正する	
	下位バージョンとの互換性に関する問題を見つけて修正する	

文字、段落、セクションの挿入と書式設定		
文字列を挿入する	文字列を検索する、置換する	
	記号や特殊文字を挿入する	
文字列や段落の書式を設定する	文字の効果を適用する	
	書式のコピー／貼り付けを使用して、書式を適用する	
	行間、段落の間隔、インデントを設定する	
	組み込みの文字スタイルや段落スタイルを適用する	
	書式をクリアする	
文書にセクションを作成する、設定する	文字列を複数の段に設定する	
	ページ、セクション、セクション区切りを挿入する	
	セクションごとにページ設定のオプションを変更する	

表やリストの管理		
表を作成する	文字列を表に変換する	
	表を文字列に変換する	
	行や列を指定して表を作成する	
表を変更する	表のデータを並べ替える	
	セルの余白と間隔を設定する	
	セルを結合する、分割する	
	表、行、列のサイズを調整する	
	表を分割する	
	タイトル行の繰り返しを設定する	

	段落を書式設定して段落番号付きのリストや箇条書きリストにする	
リストを作成する、変更する	行頭文字や番号書式を変更する	
	新しい行頭文字や番号書式を定義する	
	リストのレベルを変更する	
	開始番号を設定する、振り直す、続けて振る	

参考資料の作成と管理		
脚注と文末脚注を作成する、管理する	脚注や文末脚注を挿入する	
	脚注や文末脚注のプロパティを変更する	
目次を作成する、管理する	目次を挿入する	
	ユーザー設定の目次を作成する	

グラフィック要素の挿入と書式設定		
図やテキストボックスを挿入する	図形を挿入する	
	図を挿入する	
	3Dモデルを挿入する	
	SmartArtを挿入する	
	スクリーンショットや画面の領域を挿入する	
	テキストボックスを挿入する	
	アイコンを挿入する	
図やテキストボックスを書式設定する	アート効果を適用する	
	図の効果やスタイルを適用する	
	図の背景を削除する	
	グラフィック要素を書式設定する	
	SmartArtを書式設定する	
	3Dモデルを書式設定する	
グラフィック要素にテキストを追加する	テキストボックスにテキストを追加する、テキストを変更する	
	図形にテキストを追加する、テキストを変更する	
	SmartArtの内容を追加する、変更する	
グラフィック要素を変更する	オブジェクトを配置する	
	オブジェクトの周囲の文字列を折り返す	
	オブジェクトに代替テキストを追加する	

文書の共同作業の管理		
コメントを追加する、管理する	コメントを追加する	
	コメントを閲覧する、返答する	
	コメントを解決する	
	コメントを削除する	
変更履歴を管理する	変更履歴を設定する	
	変更履歴を閲覧する	
	変更履歴を承諾する、元に戻す	
	変更履歴をロックする、ロックを解除する	

◯ 試験方式

　試験は実際にパソコン（Windows）でWordを操作して行われます（CBT方式）。すべて実技試験で、筆記試験はありません。試験時間は50分です。

　試験には「全国一斉試験」と「随時試験」の2種類がありますが、いずれも所定の会場で試験は行われ、パソコンも用意されたものを利用します。

■ 試験画面

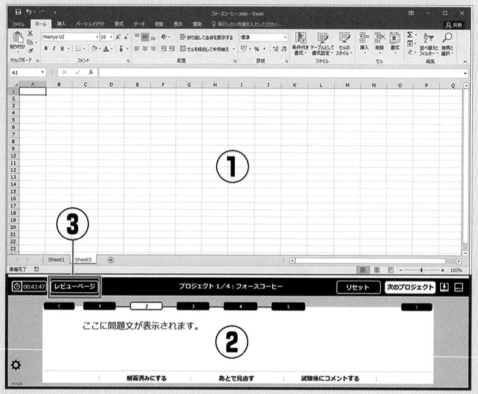

※「MOS 365 試験概要｜MOS公式サイト」より
　https://mos.odyssey-com.co.jp/outline/mos365.html

　試験画面は主に①アプリケーションウィンドウ、②試験パネル、③レビューページの3つからなります。

　①アプリケーションウィンドウ
　実際のアプリケーションが起動します。Word 365の試験であればWordが起動します（ここではExcel 365が起動しています）。

　②試験パネル
　問題文が表示されます。

　③レビューページ
　試験問題全体の一覧が表示されます。

試験は「プロジェクト」と呼ばれる大問から構成されます。プロジェクトは複数あり、プロジェクトごとに「タスク」と呼ばれる小問が複数設定されています。プロジェクトは［次のプロジェクト］ボタンをクリックすることで移動できます。タスクは数字か［<］［>］が書かれたボタンをクリックすると表示を切り替えられます。

それぞれのプロジェクトは独立しているため、あるプロジェクトの解答にミスがあってもほかのプロジェクトには影響しません。ただし、プロジェクト内のあるタスクでのミスがほかのタスクに影響する可能性はあるので注意しましょう。

◯ 受験方法

MOSは「全国一斉試験」と「随時試験」の2種類の受験方法があります。どちらの方式でも試験内容や合格認定証は同じです。また、申込みの流れは違いますが、受験料は同じです。

■ 全国一斉試験

全国一斉試験は、毎月1〜2回、所定の日時で一斉に行われる試験です。試験会場は希望した地域に応じて指定されます。

試験の申込みはMOSの公式Webサイトから行います。試験の日程をWebサイト上で確認したうえで、指示に従って試験科目、希望地域、受験者情報などを入力します。受験料の支払いはクレジットカードか企業・教育機関向けの受験チケットで行います。

■ 随時試験

全国の試験会場で行われる試験です。ほぼ毎日試験が行われていますが、具体的な試験日は試験会場ごとに設定されています。

試験の申込み方法は会場ごとに異なります。試験会場は公式Webサイトで検索できますが、具体的な試験の実施日や申込み方法は会場ごとにご確認ください。

■ 受験料

Word 365の受験料は通常10,780円（税込）、学割の場合は8,580円（税込）です。対象となる学生など学割の詳細は、公式Webサイトをご確認ください。

◯ 試験結果

受験当日、試験終了後に得点と合否が記載された試験結果レポートをもらえます。

試験に合格していた場合は、デジタル認定証をWeb上で確認できるようになります。デジタル認定書は印刷可能で、公的な証明書としても利用できます。

試験情報は公式Webサイトの情報をもとにしています。受験の際は必ず公式Webサイトにて最新の情報をご確認ください。

● MOS公式サイト－マイクロソフト オフィス スペシャリスト
https://mos.odyssey-com.co.jp/index.html

本書の使い方

紙面の見方

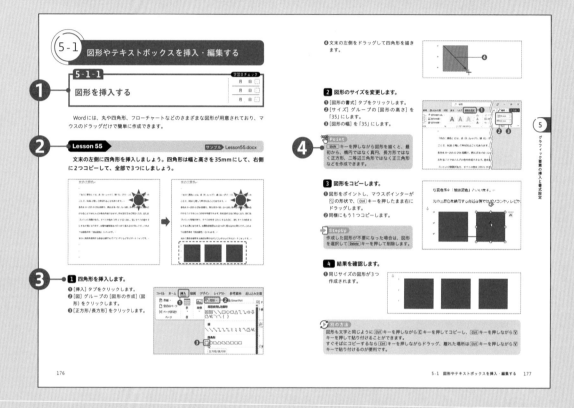

① 本書はWord 365の出題範囲にあわせてセクションを設けています。各セクションの冒頭では、学習する機能の解説を行っています。

② セクション内にはLessonが設けられています。試験で必要となる操作を、実際に例題を解きながら学習します。Lessonごとにサンプルファイルも用意されているので、実際に手元で試しながら学習してください。また、Lesson冒頭には操作前と操作後の画面を載せています。どこがどう変わればOKなのか理解したうえで読み進められます。なお、1つのセクション内に複数のLessonが用意されている場合もあります。

③ 操作解説は、順番にすべての手順を載せています。右側の画面と左側のテキストを見ながら、数字の順番にそって操作してください。

❹ 操作解説にはいくつか補足も書かれています。補足には以下の3種類があります。

Point ：気を付けてほしい操作など、特に確認して欲しい重要な事項です。

StepUp ：Lessonの内容に関連して、Wordの機能についてより深く学習できる内容です。

別の方法 ：Lessonの問題を解ける、解説で示した以外の操作方法です。

またこのほかに、Lesson外ですが知っておくと便利な内容をColumnで解説しています。

各章の最後には練習問題を載せています。章ごとに学習した内容を試せるので、是非挑戦してください。練習問題の解答・解説は別冊に載せています。

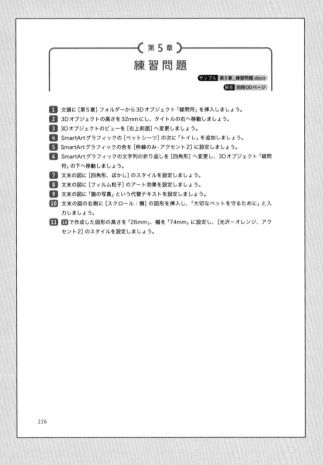

サンプルファイルの使い方

本書の各Lessonの内容を試せるサンプルファイルをご利用いただけます。

サンプルファイルは模擬試験アプリをダウンロードすると、自動で「ドキュメント」フォルダーにダウンロードされます。フォルダー名は「MOS_Word365_GH」です。「MOS_Word365_GH」フォルダーには、Lessonごとのサンプルファイルを収めた「教材」フォルダーと、章末の練習問題を収めた「練習問題」フォルダーが保存されています。

プリンターの設定

Wordでは、ページ設定を行うために仮想プリンターの設定が必要な操作があります。実際にプリンターに接続していなくても操作できます。

現在の設定は次の方法で確認できます。

❶ パソコン（Windows）の［スタート］ボタンをクリックします。

❷ ［すべてのアプリ］をクリックします。

❸ ［設定］をクリックします。

❹ ［Bluetoothとデバイス］をクリックします。

❺ ［プリンターとスキャナー］をクリックします。

実際に接続されているプリンター

仮想プリンター

また、プリンターもしくは仮想プリンターの種類によっては、ハガキやA3サイズに変更できないことがあります。その場合は、Wordの［ファイル］タブの［印刷］を選択し、［プリンターの種類］を［FAX］や［Microsoft Print to PDF］などに変更してから、再度［レイアウト］タブでページ設定を行います。

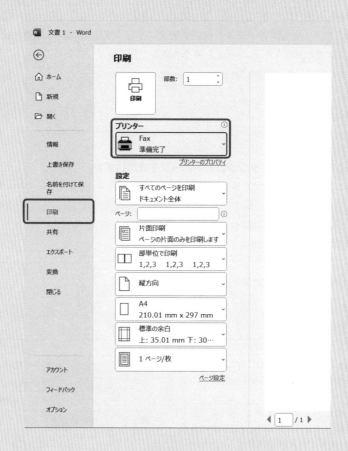

アプリの使い方

アプリの概要

　本書には模擬試験アプリがついています。模擬試験アプリは、実際の試験の形式・機能を模しており、ご自宅などのパソコンで本番さながらの環境で学習や演習を行えます。

※アプリの提供は2024年4月を予定しています。

● アプリのダウンロード

❶ 下記のURLにアクセスして、ダウンロードページを表示します。
https://gihyo.jp/book/2024/978-4-297-14033-5/support#supportDownload

❷ パスワードを入力して、ダウンロードをクリックします。
パスワード：nN5hxcaP7mmP

❸ 保存するフォルダを指定して、ファイルを保存します。

● アプリの動作環境

OS	Windows 11 日本語版 64bit / Windows 10 日本語版 64bit（※32bitやSモードは対応していません）
対応環境アプリ	Microsoft Office 365 日本語版 64bit版/32bit（※本アプリは2021、2019にも対応していますが、実際の試験はMicrosoft Office 365で行われます）

CPU	1GHz以上のプロセッサ
メモリ	8GB以上
ハードディスク	空き容量25MB以上
ディスプレイの解像度	1280×768ピクセル以上

インストールと起動・終了

● アプリをインストールする

1 インストーラーを起動します。

❶ ダウンロードしたフォルダ内の [setup.exe] をクリックします。

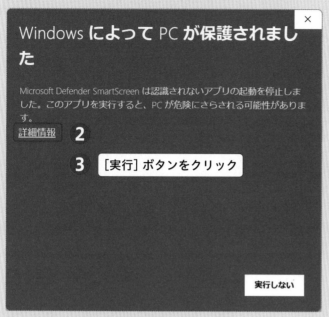

❷ [Windowsによって PC が保護されました] のメッセージが表示されたら、[詳細情報] をクリックします。

❸ [実行] ボタンをクリックします。

2 インストールを実行します。

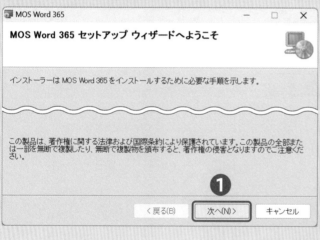

❶ [次へ] ボタンをクリックします。

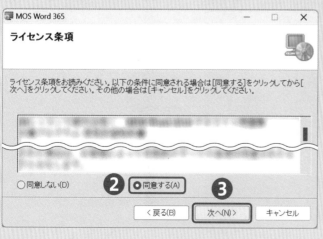

❷ [同意する] をクリックします。

❸ [次へ] ボタンをクリックします。

❹ [次へ] ボタンをクリックします。
「ユーザーアカウント制御」画面が
表示されたら、[はい] ボタンをク
リックします。

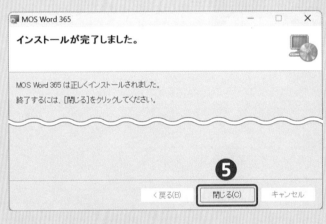

❺ [閉じる] ボタンをクリックします。
デスクトップに「MOS Word 365」
のアイコンが表示されます。

◉ アプリの起動と終了

1️⃣ アプリを起動します。

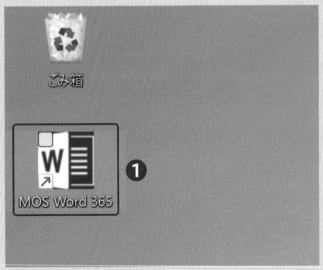

❶ デスクトップの [MOS Word 365]
をクリックすると、アプリが起動し
ます。

別の方法
[スタート] をクリックして、[すべ
てのアプリ] をクリックすると、ア
プリの一覧が表示されます。一覧
から [MOS_GH] フォルダを選択
し [MOS Word 365] をクリック
しても、アプリを起動できます。

2 アプリを終了します。

❶ アプリのスタート画面で[終了]ボタンをクリックします。

❷ [はい] ボタンをクリックすると、アプリが終了します。

画面の見方

○「スタートメニュー」画面

❶ 模擬試験：模擬試験を選択します。5回分の模擬試験と、すべての模擬試験問題からランダムに出題する [ランダム出題] を選択できます。

❷ [練習モード] ボタン：選択した模擬試験を練習モードではじめられます。練習モードでは1問ごとに採点・解答の表示を行えます。

❸ [本番モード] ボタン：選択した模擬試験を本番モードではじめられます。本番モードではすべての問題を解答したあとに採点が行われます。

❹ [テスト結果の履歴を見る] ボタン：「テスト結果の履歴」画面を表示します。

❺ [終了] ボタン：アプリを終了します。

❻ [教材ファイルのリセット] ボタン：教材ファイルをリセットします。

○ テスト中の画面

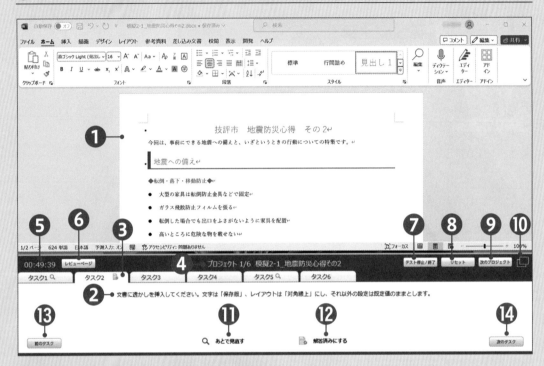

❶ アプリの画面：Wordの画面が表示されます。

❷ 問題文：問題文 (タスク) が表示されます。

❸ タスク：タスクを切り替えます。

❹ 模擬試験とプロジェクトの表示：どの模擬試験のどのプロジェクトを解答中かが表示されます。

❺ 残り時間：試験の残り時間が表示されます (本番モードのみ)。

❻ [レビューページ] ボタン：「レビューページ」画面を表示します。

❼ [テスト停止/中止] ボタン：試験を一時中断します。そのまま中止もできます。

❽ [リセット] ボタン：プロジェクトを通じて、行った操作をリセットします。

❾ [次のプロジェクト] ボタン：次のプロジェクトに移動します。

❿ [整列] ボタン：各ウィンドウのサイズを位置を初期設定に戻します。

⓫ [あとで見直す] ボタン：解答中のタスクを「あとで見直す」に登録します。「あとで見直す」に登録したタスクはレビューページで確認できます。

⓬ [解答済みにする] ボタン：解答中のタスクを「解答済みにする」に登録します (本番モードのみ)。「解答済みにする」に登録したタスクはレビューページで確認できます。

⓭ [前のタスク] ボタン：前のタスクに移動します。

⓮ [次のタスク] ボタン：次のタスクに移動します。

⓯ [採点する] ボタン：現在のタスクの正誤判定を行います (練習モードのみ)。

⓰ [解答を見る] ボタン：現在のタスクの正解解答画面を表示します (練習モードのみ)。

◎「レビューページ」画面

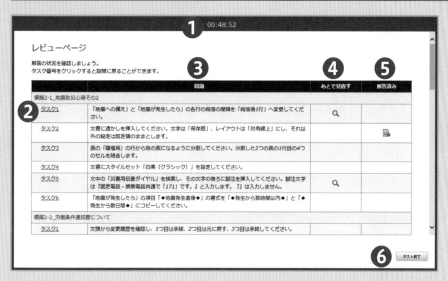

❶ 残り時間：試験の残り時間が表示されます（本番モードのみ）。

❷ タスクのリンク：クリックすると、各タスクに移動します。

❸ 問題文：各タスクの問題文が表示されます。

❹ あとで見直す：「あとで見直す」に登録したタスクにアイコンが表示されます。

❺ 解答済み：「解答済み」に登録したタスクにアイコンが表示されます。

❻ ［テスト終了］ボタン：試験を終了します。

◎「テスト結果」画面

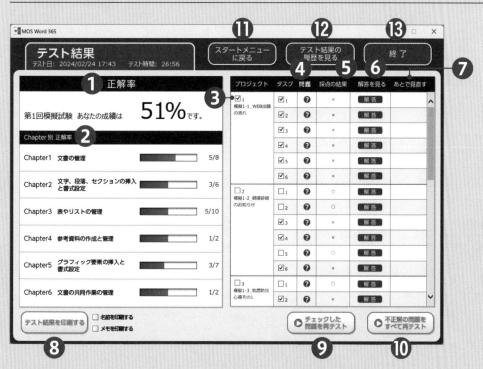

❶ 正解率：試験全体の正解率が表示されます。

❷ Chapter別正解率：書籍のChapter別に解答の正解率が分析・表示されます。

❸ 再テストのチェック：再テストしたいプロジェクトやタスクにチェックを入れられます。チェックをつけた問題は［チェックした問題を再テスト］ボタンで再テストできます。

❹ 問題文：各タスクの問題文を表示します。

❺ 採点の結果：各タスクの正誤が表示されます。

❻ 解答を見る：各タスクの正解解答画面を表示します。

❼ あとで見直す：「あとで見直す」に登録するとアイコンが表示されます。

❽ ［テスト結果を印刷する］ボタン：Wordが起動して、テスト結果を印刷できます。

❾ ［チェックした問題を再テスト］ボタン：「再テストのチェック」でチェックを入れたタスクを再テストします。

❿ ［不正解の問題をすべて再テスト］ボタン：不正解だった問題を再テストします。

⓫ ［スタートメニューに戻る］ボタン：「スタートメニュー」画面に戻ります。

⓬ ［テスト結果の履歴を見る］ボタン：「テスト結果の履歴」画面に移動します。

⓭ ［終了］ボタン：アプリを終了します。

⚫「テスト結果の履歴」画面

❶ テスト名：解答した模擬試験名が表示されます。

❷ テスト回数：模擬試験ごとに何回目の解答か表示されます。

❸ テスト日：解答した日にちが表示されます。

❹ テスト時間：解答にかかった時間が表示されます。

❺ テストモード：練習モードか本番モードかが表示されます。

❻ 正答率：試験ごとの正答率が表示されます。

❼ 詳細を見る：試験ごとの「試験結果」画面を表示します。

❽ 履歴の削除：試験結果を削除します。

❾ [履歴を印刷する] ボタン：Wordが起動して、テスト結果の履歴を印刷できます。

❿ [スタートメニューに戻る] ボタン：「スタートメニュー」画面に戻ります。

⓫ [終了] ボタン：アプリを終了します。

● 正解解答画面

❶ 解答操作の画面：正解の操作の画面が表示されます。

❷ 解答操作の解説：正解の操作の解説が表示されます。

❸ [前の操作手順] ボタン：前の操作手順を表示します。

❹ [次の操作手順] ボタン：次の操作手順を表示します。

❺ [問題文を表示] ボタン：問題文を表示します。

❻ [閉じる] ボタン：正解解答画面を閉じます。

※16～23ページの画面はいずれも開発中のものです。実際の画面とは異なる場合がございます。

MOS 受験の心得

1. **試験の画面に慣れるためにも模擬問題を何度も復習しよう**
   環境が異なるとただでさえ緊張します。模擬問題と本番の試験は言い回しが異なることも多いですが、画面の配置や、レビューページと残り時間の見方、付せんの付け方などは同じです。少しでも本番に慣れるために模擬問題を活用してください。

2. **試験会場の下見**
   余裕があれば会場の下見をしましょう。当然、遅刻すると受験できません。受付時間は決まっていますので、指定された時間内に会場に行けるようにしましょう。公共交通機関の遅延の場合は遅刻が認められる場合もありますので、すぐ連絡できるように、会場の電話番号は控えておきましょう。

3. **身分証明書と受験者ID・パスワードを必携**
   受付時に身分証明書の提示を求められます。学割で申し込んだ方は学生証も必要です。受験にあたっては受験者IDとパスワードも必要になるので注意しましょう。

4. **試験前の「試験の注意」をよく読もう**
   「英数字は半角で入力すること」「ダイアログボックスや作業ウィンドウは閉じてから次の問題へ進むこと」などの注意事項が記載されています。試験の問題文には表示されていないこともありますので、必ずよく読んでおきましょう。

5. **問題文に記載のない操作は行わない**
   例えば通常であれば中央揃えにする部分も問題文に指示がない場合は中央揃えにしてはいけません。記載された指示だけを確実に解きましょう。

6. **残り時間を意識しながら、できれば順番に解く**
   1つのプロジェクトの中で、その問題が解けないと次の操作に影響が出ることもあります。問題1から順番に解きましょう。ただし、時間は限られていますので、少し考えてわからなかったら「付せん」を付けて後で戻れるようにするとよいでしょう。
   プロジェクトは5〜7個、その中の問題数は1〜6問くらいと予想されます。試験が開始されたらプロジェクトがいくつあるかを確認し、1つのプロジェクトにかけられる時間をおおまかに計算しましょう。残り時間は模擬問題と同じく、画面に表示されます。

7. **読みながら操作しよう**
   「2ページ目の見出し〇〇」などの問題文を読んだ時点で、そこを画面に表示しながら問題を読み進めると理解しやすくなります。また、「『〇〇〇』と入力」とあるものを見たらすぐクリックしてコピーしておきましょう（多くの場合、下線が付いています）。

8. **レビューページを活用しよう**
   レビューページを見ると、全体の問題数を確認できます。レビューページの問題番号をクリックすると、付せんを付けた問題や前のプロジェクトにすばやく戻れます。

9. **こまめに上書き保存する**
   次のプロジェクトへ進むときに自動的に保存されますが、不測の事態に備えて、できるだけこまめに上書き保存しましょう。エラーが発生して中断した際にも、そこまでは戻れる可能性が高くなります。

10. **リセットボタンに注意**
    リセットボタンを押すと、そのプロジェクト全体がリセットされてしまいます（その問題のリセットではありません）。リセットボタンには注意して、使う際は慎重に行いましょう。

Chapter

0

Wordの基礎

0-1 画面構成と基本操作

0-1-1

Word画面の名前と役割

Wordの各部の名称と役割を確認しましょう。

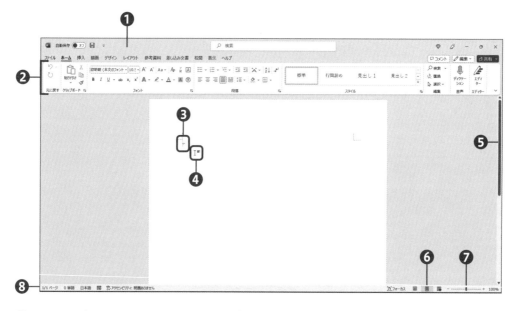

❶タイトルバー：ファイル名とアプリ名が表示されます。

❷リボン：操作を実行するためのボタンがタブに分かれて配置されています。

❸カーソル：文字を入力する位置を表します。

❹マウスポインター：マウスを置いた場所や状況によって形状が変化します。

❺スクロールバー：文書の表示領域を移動するときに使用します。

❻表示選択ショートカット：画面の表示モードを変更するときに使用します。

❼ズームスライダー：画面の表示倍率を変更するときに使用します。

❽ステータスバー：文書のページ数や文字数などが表示されます。

0-1-2

学習日チェック

月	日	☑
月	日	☑
月	日	☑

0

Wordの基礎

リボンの操作

　Wordの機能を実行することを「コマンドを実行する」と言います。コマンドは、リボンに配置されたボタンをクリックしたり、後述するショートカットキーを使用したりして実行します。

　リボンは関連する機能ごとにタブで分類され、さらにグループでまとめられています。

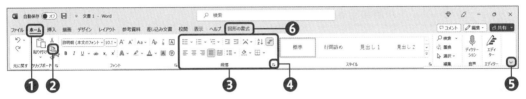

❶タブ：[ホーム] タブ、[挿入] タブなどに、関連する機能ごとに分類されたボタンが配置されています。タブはクリックして切り替えます。

❷ボタン：マウスでポイントすると、ボタンの名称と機能が表示されます。クリックすると機能を実行します。[表の追加] ボタンが [表]と表示されるように、見た目と異なる名称のボタンもあります。その場合、本書では [表を追加] (表) のように表記します。

❸グループ：関連する内容でまとめられています。

❹ダイアログボックス起動ツール：通常はリボンに表示されていない詳細設定を行うためのダイアログボックスを表示します。ダイアログボックス起動ツールの名称は、グループによって異なります。

❺リボンの表示オプション：リボンを折り畳んでタブだけを表示したりするなど、リボンの表示を変更することができます。折り畳んだ状態のとき、タブをクリックすると、一時的に展開してボタンをクリックできます（次ページ参照）。

❻コンテキストタブ：図や表、SmartArtグラフィックなど、特定のオブジェクトを選択しているときだけタブが追加で表示されます。

ボタンの名称と機能

ダイアログボックス

リボンの表示オプション

リボンを折り畳んだ状態のとき

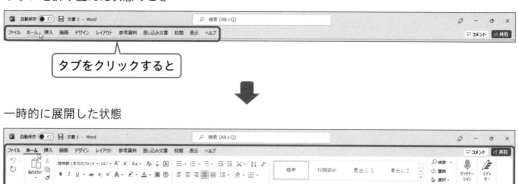

タブをクリックすると

一時的に展開した状態

一時的にリボンが展開する

Point

リボンはタブをダブルクリックしても折り畳むことができます。

Point

画面の解像度やウィンドウのサイズなどによって、リボンのボタンの見え方が異なります。本書では解像度1920×1080の環境で画面を取得しています。

解像度・サイズが大きい画面

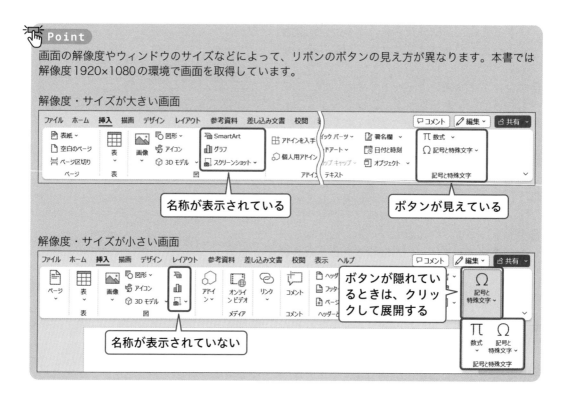

名称が表示されている

ボタンが見えている

解像度・サイズが小さい画面

名称が表示されていない

ボタンが隠れているときは、クリックして展開する

0-1-3

範囲選択

Wordは基本的に、すべての文字を入力した後に、文字の大きさを変更したり中央揃えにしたりするなどの編集作業を行います。編集作業は、目的の文字や行を範囲選択してから行います。範囲選択の方法は複数ありますので、作業内容に応じて適切な方法で行いましょう。

選択対象	範囲選択の操作とマウスポインターの形状
文字	Ⓘの形状でドラッグ
単語	Ⓘの形状でダブルクリック
行	左端の余白で⌐の形状でクリック
複数行	左端の余白で⌐の形状で下にドラッグ
段落	左端の余白で⌐の形状でダブルクリック
離れた範囲	1か所目を選択後、Ctrlキーを押しながら2か所目を選択
文書全部	左端の余白で⌐の形状で下にトリプルクリック もしくはCtrl+A

Ⓘの形状でドラッグ

ビデオを使うと、伝えたい内容を明確に表現できます。[オンライン ビデオ] をクリックすると、追加したいビデオを、それに応じた埋め込みコードの形式で貼り付けできるようになります。キーワードを入力して、文書に最適なビデオをオンラインで検索することもできます。↵

Word に用意されているヘッダー、フッター、表紙、テキスト ボックス デザインを組み合わせると、プロのようなできばえの文書を作成できます。たとえば、一致する表紙、ヘッダー、サイドバーを追加できます。[挿入] をクリックしてから、それぞれのギャラリーで目的の要素を選んでください。↵

⌐の形状でクリック

入力と変換

学習日チェック		
月	日	☑
月	日	☑
月	日	☑

キー配列

　キーボードはパソコンに指示を出すための「入力装置」です。デスクトップ型やノート型などの形状やメーカーによって多少の違いがありますが、ここでは代表的なキーボードの配列と、覚えておきたいキーの役割を確認します。

● ノート型コンピュータの例

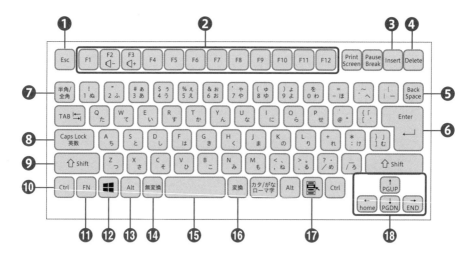

エスケープ
❶Escキー：実行中の作業を取り消します。

❷F1～F12キー（ファンクションキー）：文字を変換する、ヘルプを表示するなど、さまざまな機能が割り付けられています。

インサート
❸Insertキー：「上書きモード」と「挿入モード」を切り替えます。

デリート
❹Deleteキー：カーソルの右側の文字を消します。

バックスペース
❺BackSpaceキー：カーソルの左側の文字を消します。

エンター
❻Enterキー：機能や変換の確定と改行をします。

❼半角/全角キー：日本語入力のオンとオフを切り替えます。

キャプスロック
❽CapsLockキー：Shiftキーを押しながらこのキーを押すと、アルファベットを大文字で入力できるように固定します。

シフト
❾Shiftキー：キーの上段に表示されている記号やアルファベットの大文字を入力します。右のShiftキーも同じです。

⑩ Ctrlキー：後述するショートカットキーで使用します。右の Ctrl キーも同じです。

⑪ Fnキー：F3 のように2つの機能が色分けされて（四角で囲まれていることもあります）表示されているキーの場合、Fn キーを押しながらそのキーを押すことで、Fn キーと同じ色の（もしくは四角で囲まれた）機能を使用することができます。この例では、「音量を上げる」ことができます。

⑫ Windowsキー：[スタート] ボタンをクリックしたときと同じメニューを表示します。

⑬ Altキー：後述するショートカットキーで使用します。

⑭ 無変換キー：入力中の日本語をカタカナに変換します。

⑮ スペースキー：空白を挿入します。日本語を入力中の場合は変換します。

⑯ 変換キー：入力中の日本語を変換します。

⑰ アプリケーションキー：マウスを右クリックしたときと同じメニューを表示します。

⑱ 矢印キー・方向キー：カーソルの位置を上下左右に移動します。

● デスクトップ型コンピュータの例

⑲ テンキー：0〜9までの数字と計算に使用する記号を簡単に入力できます。

⑳ NumLockキー：このキーがオンになっているときにテンキーが利用できます。キーを押しても数字が入力できない場合は NumLock キーを押してオンにします。

文字の入力

● 入力の基本

　入力方法には「ローマ字入力」と「かな入力」があります。ローマ字入力が一般的で、日本語入力がオンの状態で下の表のアルファベットを押すことで、ひらがなを入力できます。なお日本語入力がオフの状態だと半角のアルファベットが入力されます。

あ	あ A	い I	う U	え E	お O
	ぁ LA	ぃ LI	ぅ LU	ぇ LE	ぉ LO
か	か KA	き KI	く KU	け KE	こ KO
	が GA	ぎ GI	ぐ GU	げ GE	ご GO
	きゃ KYA		きゅ KYU		きょ KYO
	ぎゃ GYA		ぎゅ GYU		ぎょ GYO
さ	さ SA	し SI	す SU	せ SE	そ SO
	ざ ZA	じ ZI	ず ZU	ぜ ZE	ぞ ZO
	しゃ SHA		しゅ SHU		しょ SHO
	じゃ JA		じゅ JU		じょ JO
た	た TA	ち TI	つ TU	て TE	と TO
	だ DA	ぢ DI	づ DU	で DE	ど DO
	ちゃ CHA		ちゅ CHU		ちょ CHO
			てぃ THI		
			でぃ DHI		
			っ LTU		

な	な NA	に NI	ぬ NU	ね NE	の NO
	にゃ NYA		にゅ NYU		にょ NYO
は	は HA	ひ HI	ふ FU	へ HE	ほ HO
	ば BA	び BI	ぶ BU	べ BE	ぼ BO
	ぱ PA	ぴ PI	ぷ PU	ぺ PE	ぽ PO
	ひゃ HYA		ひゅ HYU		ひょ HYO
	ふぁ FA	ふぃ FI		ふぇ FE	ふぉ FO
	ヴぁ VA	ヴぃ VI	ヴ VU	ヴぇ VE	ヴぉ VO
ま	ま MA	み MI	む MU	め ME	も MO
	みゃ MYA		みゅ MYU		みょ MYO
や	や YA		ゆ YU		よ YO
	ゃ LYA		ゅ LYU		ょ LYO
ら	ら RA	り RI	る RU	れ RE	ろ RO
	りゃ RYA		りゅ RYU		りょ RYO
わ	わ WA	うぃ WI		うぇ WE	を WO
	ん N				

※上記は代表的なものだけを記載しています。

Point

日本語入力のオン/オフについては『0-2-4 変換の基礎』を参照してください。

○ 促音・拗音・長音の入力

・「ん」は「N」と入力しますが、次の文字が母音の場合は「NN」と入力します。
　「たんい」→「TANNI」
・促音を入力するには、次の文字の子音を重ねます。
　「けっか」→「KEKKA」
・「L」か「X」を付けると単独で拗音を入力できます。
　「LYA」「XYA」→「ゃ」

・「－」(長音、伸ばす音) を入力するには、日本語入力がオンの状態で　=
－ ほ　を押します。

日本語入力がオフの状態で　=
－ ほ　を押すと「-」(ハイフン) が入力されます。「-」はテンキーにもあります。

○ 文字が複数あるキーの入力

　1つのキーには最大で4つの文字が割り当てられています。キーの上に表示されている文字 (「#」など) は Shift キーを押すことで入力できます。

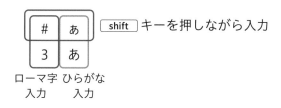

ローマ字　ひらがな
入力　　　入力

○ キー入力の例外

「・(中点/中黒)」　? ・
／め　、「「(始めかぎかっこ)」　{ 「
[、　、「」(終わりかぎかっこ)」　} 」
] む
の3つの文字は、ローマ字入力でもそのまま入力します。

タッチタイピング（ブラインドタッチ）

　キーボードを見ないで入力することを「タッチタイピング（ブラインドタッチ）」と言います。タッチタイピングをするには、いつも決まった指で決まったキーを押せるようにしなければなりません。

　キーボード上で最初に指を置いておく、基本の場所が「**ホームポジション**」です。指はいつもホームポジションに置き、入力する指を上下に動かしてタイピングします。多くのキーボードでは、左人差し指を置く「F」と右人差し指を置く「J」に突起がついていて、触れただけで位置を判断できるようになっています。

　タッチタイピングができるようになると、目線があっちへ行ったりこっちへ行ったりすることがなくなるので、疲れにくく、早く入力できるようになります。

　Webにはタッチタイピング練習用の無料のサイトが数多く存在します。そのようなものも便利に利用して、タッチタイピングができるように練習しましょう。

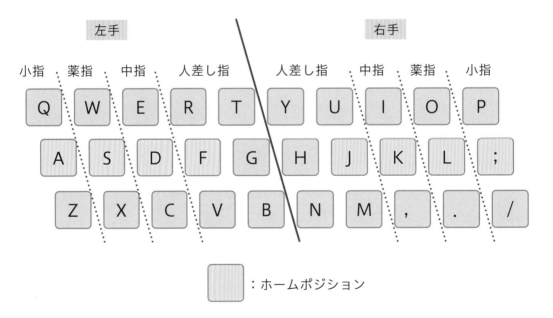

：ホームポジション

0-2-4

変換の基礎

　ひらがな、カタカナ、漢字は、日本語入力をオンにして入力します。オンとオフの切り替えは 半角/全角 キーで行います。現在の状態は画面右下で確認できます。

日本語入力オンの状態：　∧ あ 🖥 ⏪ 📁　※Wordは通常この状態です

日本語入力オフの状態：　∧ A 🖥 ⏪ 📁

⬤ 漢字に変換

　入力後、スペース キーもしくは 変換 キーを押します。

⬤ 無変換 キーを使用したカタカナ変換

　入力後、無変換 キーを押します。

⬤ ファンクションキーを使用した変換

　ファンクションキーのF6〜F10が変換のために割り当てられています。これらのキーは2回以上押すと、後ろの文字からカタカナに変換されたり、英文字大文字→小文字→先頭文字だけ大文字に変換されたりします。

例）「きぼう」と入力してファンクションキーを押した結果

	変換の種類	1回押す	2回押す	3回押す	4回押す
F6	ひらがな変換	きぼう	きぼう	キボう	きぼう
F7	カタカナ変換	キボウ	キボう	キぼう	キボウ
F8	半角変換	ｷﾎﾞｳ	ｷﾎﾞう	ｷぼう	ｷﾎﾞｳ
F9	無変換	ｋｉｂｏｕ	ＫＩＢＯＵ	Ｋｉｂｏｕ	ｋｉｂｏｕ
F10	半角無変換	kibou	KIBOU	Kibou	kibou

⬤ 再変換

　変換せずに Enter キーを押して確定してしまった時や、誤った漢字で確定してしまった時は、入力し直すのではなく再変換を使用します。

　カーソルを単語の中に置くか、単語を範囲選択して 変換 キーを押します。

　通常の変換は スペース キーも 変換 キーも同じですが、再変換は 変換 キーだけが使えます。

記号や読めない文字の入力

　キーボードには「＆」や「＋」や「！」などの記号がありますが、ここではキーボードにない記号の入力方法と、読めない文字の入力方法を確認します。

　キーボード上に記載のある記号の入力の方法は『0-2-1 キー配列』参照してください。

● 記号の入力

　記号の読みを入力して変換します。よく使う記号には次のようなものがあります。読みがわからないときは「きごう」と入力して変換します。

読み	変換される記号
やじるし	← ↑ → ↓ ⇔ ➡
かっこ	『』〖〗 ≪≫ ""
まる	○ ● ◎ ① ② … ⑳ ㊤ ㊥ ㊦
しかく	□ ■ ◇ ◆
ゆうびん	〒 ⦿ ㊟
こめ	※
かぶ	㈱ （株）
せっし	℃
でんわ	℡ ☎

●「きごう」で探せない文字や、読めない漢字の入力

　[IMEパッド] を使うと、読みの分からない記号や漢字を入力できます。

❶ タスクバーの「あ」を右クリックし、[IMEパッド] をクリックします。

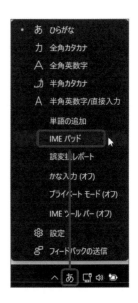

❷［IME パッド］が表示されます

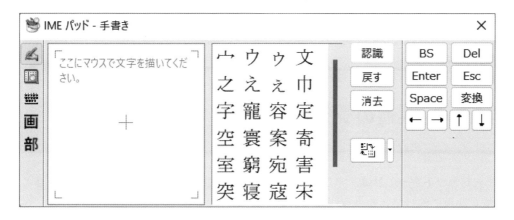

❸［ここにマウスで文字を書いてください。］に、マウスをドラッグして文字を書きます。

❹右側に表示された候補をポイントすると読み方が表示されるので、クリックします。

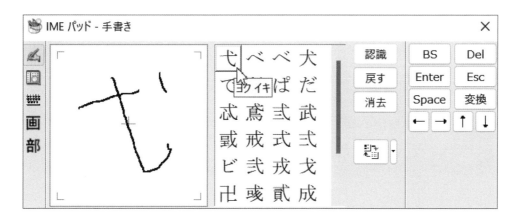

❺カーソルの位置に「弋」が入力されます。［IME パッド］のウィンドウを閉じます。

0-3 ショートカットキー

0-3-1

Windows 共通のショートカットキー

学習日チェック
月　日 □
月　日 □
月　日 □

　「ショートカットキー」とは、マウスの代わりにキーボードのキーを使うことで、よく使う機能を簡単に実行できるように割り当てたものです。

　例えば、範囲選択後、マウスで右クリックして［コピー］をクリックしたり、［ホーム］タブの［コピー］ボタンをクリックしたりする代わりに、Ctrl キーを押しながら C を押すことでコピーができます。

　ExcelやWordを含め、Windowsで共通して使用できるショートカットキーの一覧を記載します。

　表で「+」と記載しているものは、同時に押すのではなく、最初のキーを押しながら次のキーを押すことを表します。

キー	機能
Ctrl + A	すべて選択
Ctrl + C	コピー
Ctrl + X	切り取り
Ctrl + V	貼り付け
Ctrl + Z	元に戻す
Ctrl + Y	やり直し
Ctrl + S	上書き保存
Ctrl + F	検索
Ctrl + H	置換
Ctrl + P	印刷
Ctrl + O	ファイルを開く
Ctrl + W	ファイルを閉じる
Ctrl + N	新規作成
F4	繰り返し
F12	名前を付けて保存
Alt + F4	プログラムを閉じる
Alt + Tab	ウィンドウの切り替え
⊞ + D	デスクトップの表示

0-3-2

Wordのショートカットキー

学習日チェック

月	日 ☑
月	日 ☑
月	日 ☑

0

Wordの基礎

Windows共通で使用するショートカットキーのほかに、Word固有の、操作を便利にするショートカットキーもあります。

キー	機能
（範囲選択後） Ctrl ＋ スペース	すべての文字書式を解除する
Ctrl ＋ Enter	改ページ
Home	行頭にカーソルを移動
End	行末にカーソルを移動
Ctrl ＋ Home	文頭にカーソルを移動
Ctrl ＋ End	文末にカーソルを移動
（表内で） Tab	表内の次のセルにカーソルを移動
（表内で） Shift ＋ Tab	表内の前のセルにカーソルを移動
Shift ＋ スペース	半角スペースの入力

 Point

ノートパソコンの場合、 Fn キーが必要な場合があります。詳細は『0-2-1 キー配列』を参照してください。

Chapter

1

文書の管理

1-1 文書内を移動する

1-1-1

文書内の他の場所にリンクする

「ハイパーリンク」とは、別のファイルや同じ文書内の別の場所、Web ページなどへ接続する（リンクする）機能のことです。ハイパーリンクを設定した文字やオブジェクトをクリックするだけで、リンク先を表示できます。

「ブックマーク」は、本に挟むしおりと同じで、後ですぐ参照できるように名前を付けた場所のことです。［ジャンプ］機能を使用して、ブックマークを設定した場所へ素早く移動できます。

Lesson 1

 サンプル Lesson01.docx

2ページ5行目の「国立天文台」の文字列に、「https://www.nao.ac.jp/」へのハイパーリンクを挿入しましょう。ハイパーリンクをポイントすると「国立天文台のHPへ」と表示されるようにします。

設定後、ハイパーリンクをクリックしましょう。

1　［リンク］ダイアログボックスを表示します。

❶ 2ページ5行目の「国立天文台」を選択します。

❷ ［挿入］タブをクリックします。

❸ ［リンク］グループの［リンク］をクリックします。

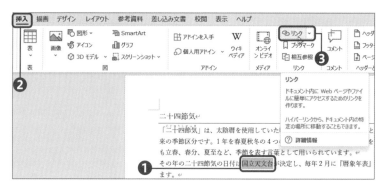

2 リンク先を設定します。

❶ [リンク先] を [ファイル、Webページ] にします。
❷ [アドレス] に 「https://www.nao.ac.jp/」 を入力します。
❸ [ヒント設定] をクリックします。

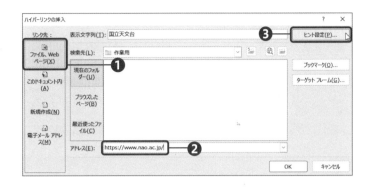

3 ヒント設定を入力します。

❶ [ヒントのテキスト] に 「国立天文台のHPへ」 と入力します。
❷ [OK] ボタンをクリックします。

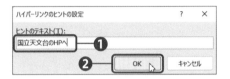

❸ [OK] ボタンをクリックします。

4 結果を確認します。

❶ 2ページ5行目の 「国立天文台」 をポイントすると、ヒントが表示されます。
❷ Ctrl キーを押すとマウスポインターが 👆 に変わり、クリックすると、国立天文台のHPが開きます。

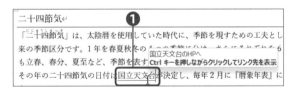

[ヒント設定] を設定しない場合、リンク先のURLが表示されます。

二十四節気↵

「二十四節気」は、太陰暦を使用していた時代に、季節を現すための工夫と来の季節区分です。1年を春夏秋

https://www.nao.ac.jp/
Ctrl キーを押しながらクリックしてリンク先を表示

も立春、春分、夏至など、季節を

その年の二十四節気の日付は国立天文台が決定し、毎年2月に『暦象年表』ます。↵

[ハイパーリンクの挿入] ダイアログボックスで、リンク先を [このドキュメント内] にすると、開いている文書の任意の位置へのリンクを設定できます。

設定したハイパーリンクを削除するには、ハイパーリンクを設定した文字列を範囲選択し、[ハイパーリンクの挿入] ダイアログボックスを表示して [リンクの解除] をクリックします。

「六曜」の表内の「大安」の文字列に、「大安」という名前のブックマークを設定しましょう。設定後、任意の位置をクリックしてから、「大安」ブックマークにジャンプしましょう。

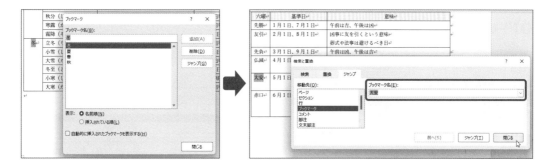

1 ブックマークのウィンドウを表示します。

❶「六曜」の表内の「大安」の文字列を選択します。

❷［挿入］タブをクリックします。

❸［リンク］グループの［ブックマークの挿入］（ブックマーク）をクリックします。

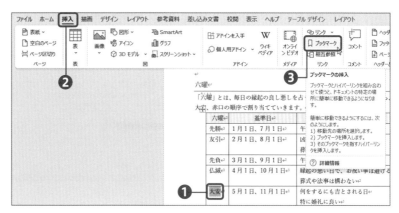

2 ブックマーク名を指定します。

❶［ブックマーク名］に「大安」と入力します。

❷［追加］ボタンをクリックします。

■3 ジャンプ先を指定してジャンプします。

❶任意の位置をクリックします。

❷ Ctrl + G キーを押します。

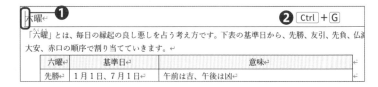

❸ [移動先] の [ブックマーク] をクリックします。

❹ [ブックマーク名] の ∨ をクリックします。

❺ [大安] をクリックします。

❻ [ジャンプ] をクリックします。

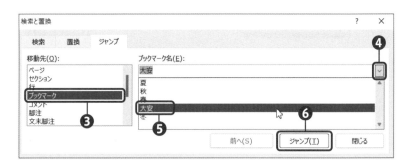

■4 結果を確認します。

❶ブックマークが設定された文字列にジャンプしたことを確認し、[閉じる] ボタンをクリックします。

▶別の方法

次の方法でもジャンプのウィンドウを表示できます。
・ F5 キーを押します。
・ [ホーム] タブの [編集] グループの [検索] の ∨ をクリックし、[ジャンプ] をクリックします。

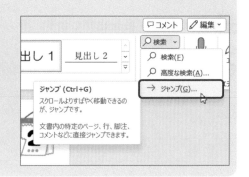

文書内の特定の場所やオブジェクトに移動する

「ジャンプ」の機能を使用すると、前項で学習したブックマークだけではなく、目的のページや図表にも素早く移動できます。文書に見出しスタイルが設定されている場合は、ナビゲーションウィンドウを使用して、目的の見出しに移動することもできます。

Lesson 3

サンプル Lesson03.docx

3つ目の表にジャンプしましょう。

1 ジャンプ先を指定してジャンプします。

❶ カーソルが文頭にあることを確認します。

❷ Ctrl +G キーを押します。

❸ [移動先] の [表] をクリックします。

❹ [表番号] に「3」（「+3」でも同じ）と入力します。

❺ [ジャンプ] ボタンをクリックします。

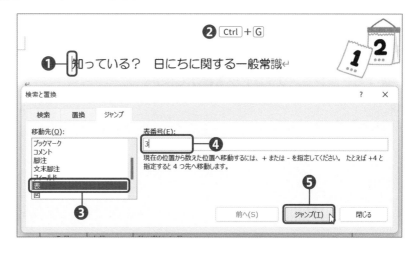

2 結果を確認します。

❶ 3つ目の表にジャンプした
ことを確認し、[閉じる]
ボタンをクリックします。

▶ StepUp

[Ctrl]+[Home]で文頭、[Ctrl]+[End]で文末にジャンプなど、ショートカットキーでジャンプできる箇所も
あります。ショートカットキーの詳細は『0-3-2 Wordのショートカットキー』を参照してください。

Lesson 4
サンプル Lesson04.docx

ナビゲーションウィンドウを使用して、見出し「六曜」にジャンプしましょう。

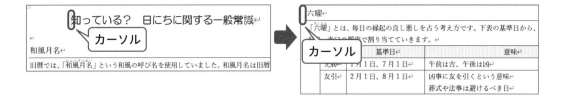

1 ナビゲーションウィンドウを表示します。

❶ [表示] タブをクリックします。
❷ [表示] グループの [ナビゲーションウィンドウを開く] (ナビ
ゲーションウィンドウ) にチェックを入れます。

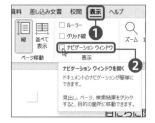

2 見出しにジャンプします。

❶ ナビゲーションウィンドウの [六曜] をクリックしま
す。

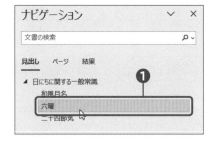

48

3 結果を確認します。

❶ 六曜の先頭にカーソル
が移動します。

❷ [ナビゲーションウィンドウ] を閉じます。

> **StepUp**
>
> ナビゲーションウィンドウに表示されるのは、
> [見出し] スタイルが設定されている項目です。
> スタイルの詳細は『1-2-2 スタイルセットを適
> 用する』を参照してください。

1-1-3
編集記号の表示／非表示と隠し文字を使用する

学習日チェック

月　日 ☑

月　日 ☑

月　日 ☑

「編集記号」は、スペースや改行マークなどの印刷されない記号のことです。編集記号を表示すると文書の状態がわかりやすくなります。 Enter を押すと表示される改行マークも編集記号ですが、常に表示されます。

「隠し文字」は、印刷されると不都合がある情報などを非表示にした文字のことです。隠し文字にしておくと印刷はされませんが、編集記号を表示すると画面上に表示できます。

Lesson 5

サンプル Lesson05.docx

編集記号を表示して、2ページ目の最終行にある改ページを削除しましょう。

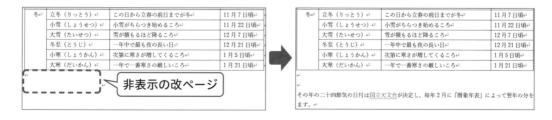

1 編集記号を表示します。

❶［ホーム］タブをクリックします。
❷［段落］グループの［編集記号の表示/非表
示］をクリックします。

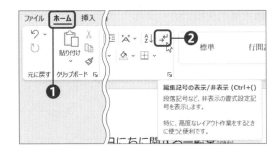

2 2ページ目の改ページを削除します。

❶2ページの［改ページ］
の左端にカーソルを移
動します
❷ Delete キーを押します。

冬	立冬（りっとう）	この日から立春の前日までが冬	11月7日頃
	小雪（しょうせつ）	小雪がちらつき始めるころ	11月22日頃
	大雪（たいせつ）	❷ Delete キー降るころ	12月7日頃
	冬至（とうじ）	一年で最も夜の長い日	12月21日頃
	小寒（しょうかん）	次第に寒さが増してくるころ	1月5日頃
	大寒（だいかん）	一年で一番寒さの厳しいころ	1月21日頃

❶ ―――改ページ―――

3 結果を確認します。

❶改ページが削除され、
次のページに送られて
いた文字列が詰められ
ます。

秋	立秋（りっしゅう）	この日から立冬の前日までが秋	8月8日頃
	処暑（しょしょ）	暑さがやわらいでくるころ	8月23日頃
	白露（はくろ）	秋の気配が感じられるころ	9月8日頃
	秋分（しゅうぶん）	昼と夜の長さが等しくなる日	9月23日頃
	寒露（かんろ）	草木の露が冷たく感じられるころ	10月8日頃
	霜降（そうこう）	霜が降りはじめるころ	10月24日頃
冬	立冬（りっとう）	この日から立春の前日までが冬	11月7日頃
	小雪（しょうせつ）	小雪がちらつき始めるころ	11月22日頃
	大雪（たいせつ）	雪が積もるほど降るころ	12月7日頃
	冬至（とうじ）	一年中で最も夜の長い日	12月21日頃
	小寒（しょうかん）	次第に寒さが増してくるころ	1月5日頃
	大寒（だいかん）	一年で一番寒さの厳しいころ	1月21日頃

❶

その年の二十四節気の日付は国立天文台が決定し、毎年2月に『暦象年表』によって翌年の分を発表
します。

Point

編集記号を表示すると、タイトルの「知っている？」の後ろのスペースが□で、1ページ目の最終行
の空欄が ――改ページ―― で表示されます。
それ以外にも、半角スペースは・が、TABが入力されていると→が、セクション区切りが挿入され
ていると ――セクション区切り（次のページから新しいセクション）―― が表示されます。
改ページは『2-3-1 ページ区切りを挿入する』、セクション区切りは『2-3-2 セクションごとにページ
設定のオプションを変更する』を参照してください。

3ページ目の図を隠し文字にしましょう。[文字列の折り返し]が[行内]の図形は、文字と同じ扱いなので、隠し文字の設定ができます。その後、編集記号を非表示にしましょう。

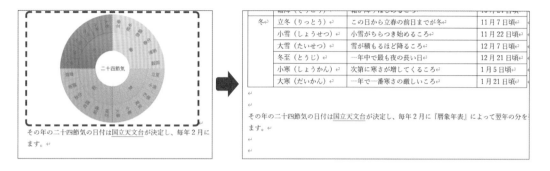

1 隠し文字の設定をします。

❶3ページ目の図を選択します。

❷[ホーム]タブをクリックします。

❸[フォント]グループのダイアログボックス起動ツール 🖅（フォント）をクリックします。

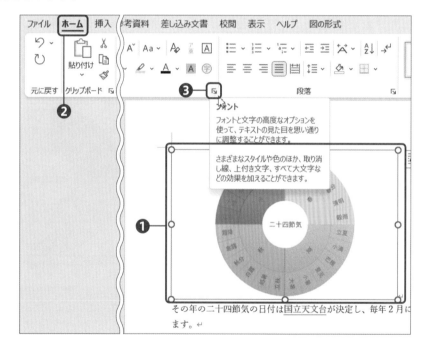

❹ [隠し文字] にチェックを入れます。

❺ [OK] ボタンをクリックします。

2 結果を確認します。

❶ [隠し文字] の設定をした図が、編集記号の表示によって見えてしまっています。

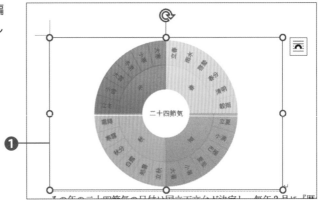

Point

[隠し文字] の下には、点線が表示されます。

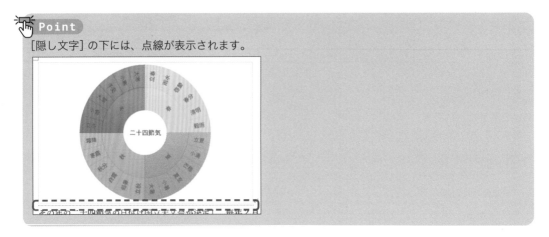

3 編集記号を非表示にします。

❶ [段落] グループの [編集記号の表示/非表示] をクリックしてOFFにします。

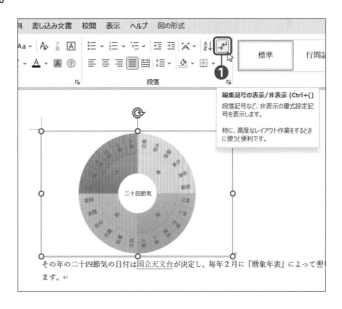

4 再度結果を確認します。

❶ 隠し文字に設定された図が非表示になります。

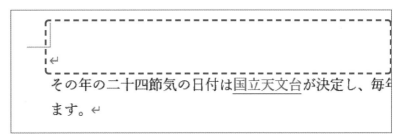

Point

本書では、以降、編集記号を表示した状態で進めます。

1-2 文書の書式を設定する

「ページ設定」とは、用紙サイズや縦横の向き、余白、1行の文字数や1ページの行数などのことです。個別に設定することもできますが、[ページ設定] ダイアログボックスを使用すると、文書に使用するフォントも含めて一度に設定できて便利です。

Lesson 7

サンプル Lesson07.docx

用紙サイズを**A4**、印刷の向きを「**縦**」、上下左右の余白を**20mm**、日本語のフォントを「**游ゴシック**」、英数字用のフォントを「**（日本語を同じフォント）**」、行数だけを**50**に指定する設定をしましょう。

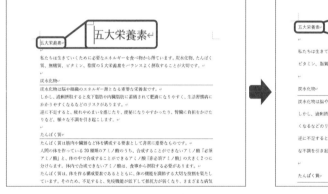
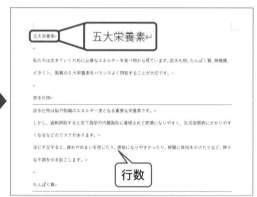

1 [ページ設定] ダイアログボックスを表示します。

❶ [レイアウト] タブをクリックします。

❷ [ページ設定] グループのダイアログボックス起動ツール 🔽 (ページ設定) をクリックします。

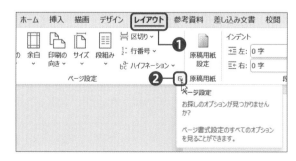

2 用紙サイズを設定します。

❶ [用紙] タブをクリックします。
❷ [用紙サイズ] が「A4」であることを確認します。

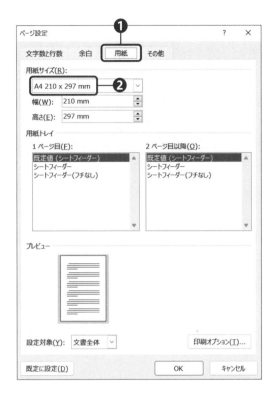

3 印刷の向きと余白を設定します。

❶ [余白] タブをクリックします。
❷ 上下左右の余白を「20」にします。
❸ [印刷の向き] が [縦] であることを確認します。

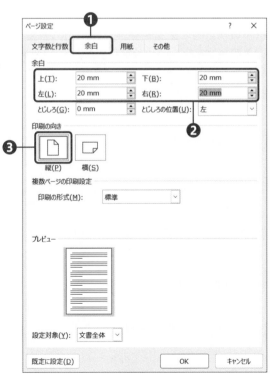

4 **フォントの設定をします。**

❶ [文字数と行数] タブをクリックします。
❷ [フォントの設定] ボタンをクリックします。
　す。

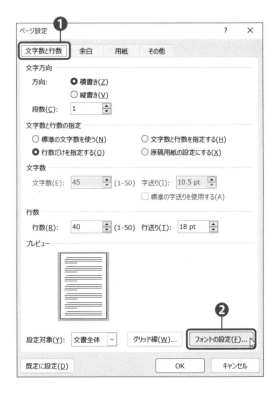

❸ 日本語用のフォントを「游ゴシック」に設定します。
❹ 英数字用のフォントを「(日本語用と同じフォント)」に設定します。
❺ [OK] ボタンをクリックします。

5 行数の設定をします。

❶ [文字数と行数の指定] を [行数だけを指定する] に設定します。

❷ [行数] を「50」にします。

❸ [OK] ボタンをクリックします。

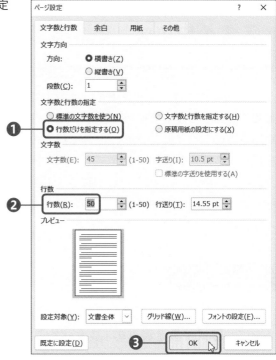

6 結果を確認します。

❶ ページ設定が一括で変更されます。

▶ StepUp

[レイアウト] タブの [ページ設定] グループでは、余白、印刷の向き、サイズを個別に設定できます。

スタイルセットを適用する

　「スタイル」とは、フォントやフォントサイズ、文字の色や配置などの複数の書式をまとめて登録したものです。「表題」「見出し1」のようにWordにあらかじめ登録されている組み込みのスタイルのほか、自分で任意のスタイルを作成することもできます。複数の箇所に同じ書式を設定する際にスタイルを使用すると、ミスがなく効率的です。

　「スタイルセット」は、それらスタイルをまとめて、全体的に統一感があるように、一括して見映えを変更する機能です。ひとつずつスタイルを修正するよりも、簡単でまとまり感があります。

Lesson 8

サンプル ▶ Lesson08.docx

1行目のタイトルに組み込みのスタイル「見出し1」を設定しましょう。

次に、書式が設定済みの「炭水化物」に、「項目名」という名前のスタイルを作成し、「たんぱく質」、「ビタミン」、「ミネラル」、「脂質」にそれぞれ設定しましょう。

1 タイトルに組み込みのスタイルを設定します。

❶ 1行目にカーソルがあることを確認します。

❷ ［ホーム］タブをクリックします。

❸ ［スタイル］グループの［見出し1］をクリックします。

Point

［見出し］のスタイルを設定した行の左余白には「・」が表示されます。印刷はされません。

◼五大栄養素↵

2 新しいスタイルを作成します。

❶「炭水化物」を範囲選択します。
❷[スタイル] グループの [その他] を
　クリックします。

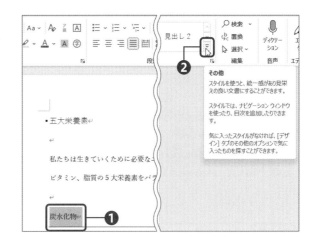

❸[新しいスタイルの作成](スタイルの作成) を
　クリックします。

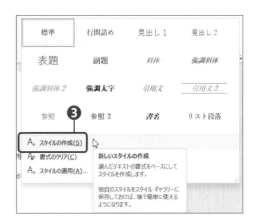

❹[書式から新しいスタイルを作成] ダイアログ
　ボックスの [名前] に「項目名」と入力します。
❺[OK] ボタンをクリックします。

3 他の箇所にスタイル「項目名」を設定します。

❶「たんぱく質」の行にカーソル
　を移動します。範囲選択は不
　要です。
❷[スタイル] グループの「項目
　名」をクリックします。
❸同様に、「ビタミン」「ミネラ
　ル」「脂質」にスタイル「項目
　名」を設定します。

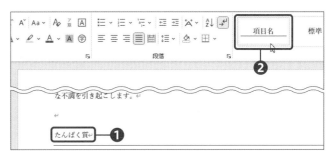

4 結果を確認します。

❶ スタイルによって、複数箇所に同じ書式が設定されます。

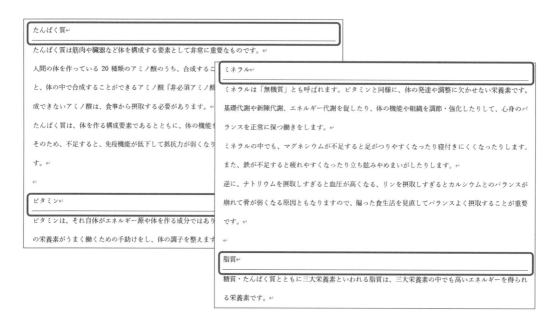

Lesson 9

サンプル Lesson09.docx

文書にスタイルセット「影付き」を適用しましょう。この文書にはスタイル「見出し1」と「見出し2」が設定済みです。

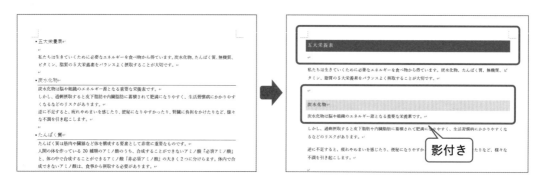

1 スタイルセットを適用します。

❶ [デザイン] タブをクリックします。
❷ [ドキュメントの書式設定] グループの
　 [影付き] をクリックします。

2 結果を確認します。

❶ 文書にスタイルセットが
適用されます。

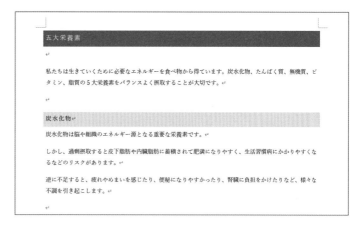

1-2-3
ヘッダーやフッターを挿入する、変更する

　「ヘッダー」は文書の上部余白、「フッター」は下部余白の領域のことで、ファイル名や日付、ページ番号などを表示します。原則として、1か所に設定すると、すべてのページに同じデータが表示されます。ページ番号は自動的に連番が設定されます。

Lesson 10　　　　　　　　　　　　　　　　サンプル Lesson10.docx

　ヘッダー右側に「五大栄養素」を表示しましょう。また、ページの下部に「番号のみ2」のページ番号を設定しましょう。

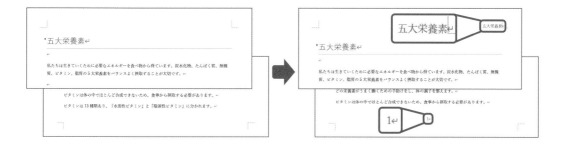

1 ヘッダー領域を表示します。

❶ [挿入] タブをク
リックします。
❷ [ヘッダーとフッ
ター] グループの
[ヘッダーの追加]
（ヘッダー）をク
リックします。
❸ [ヘッダーの編集]
をクリックします。

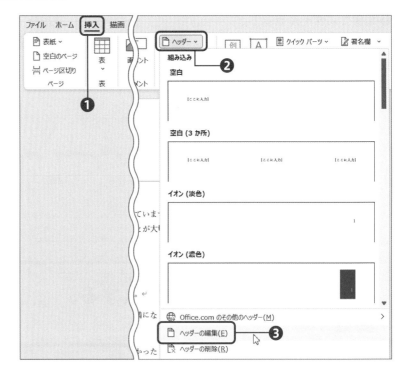

2 ヘッダーに文字を入力し、右へ配置します。

❶ 「五大栄養素」と入力します。
❷ [ホーム] タブをクリックしま
す。
❸ [段落] グループの [右揃え] を
クリックします。

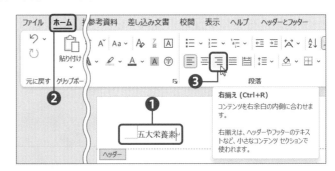

3 フッターに移動します。

❶ [ヘッダーとフッター] タブをクリックし
ます。
❷ [ナビゲーション] グループの [フッターに
移動] をクリックします。

4 フッターにページ番号を入力します。

❶ [ヘッダーとフッター] グ
ループの [ページ番号]
をクリックします。
❷ [ページの下部] をポイン
トし、[番号のみ2] をク
リックします。

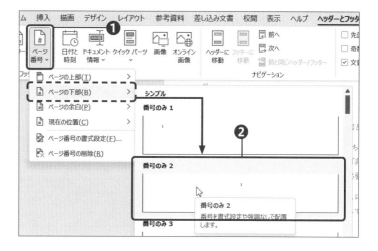

5 ヘッダーとフッターを終了します。

❶ [閉じる] グループの [ヘッダーとフッターを閉じる] をク
リックします。

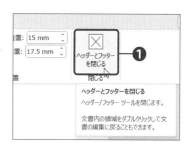

▶ StepUp

本文領域とヘッダー/フッター領域は、ダブルクリックすることで行き来できます。

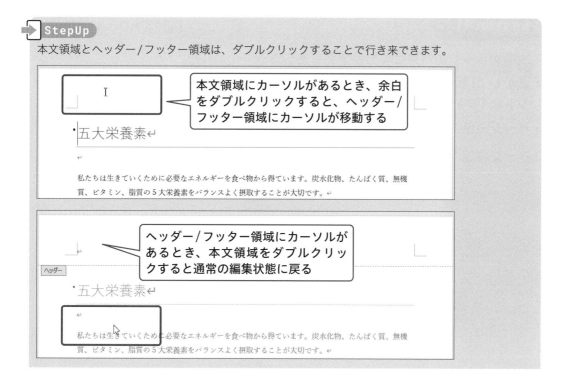

本文領域にカーソルがあるとき、余白
をダブルクリックすると、ヘッダー/
フッター領域にカーソルが移動する

ヘッダー/フッター領域にカーソルが
あるとき、本文領域をダブルクリッ
クすると通常の編集状態に戻る

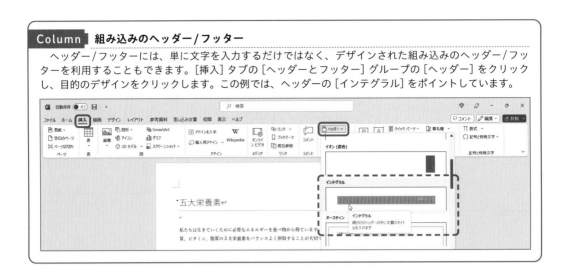

1-2-4

ページの背景要素を設定する

　文書の背景に色を付けたり、透かしを挿入したりできます。[ページ罫線] を使用すると、ページ全体を囲むように飾りを付けることができます。

Lesson 11

サンプル Lesson11.docx

　文書のページの背景に次の設定をしましょう。

・透かし：「転載不可」と表示、フォントの色は「ブルーグレー、テキスト2」、フォントは「メイリオ」、フォントサイズは96pt、対角線上、半透明にする

・ページの色：「青、アクセント1、白+基本色80%」

・ページ罫線：「」、線の太さは31pt

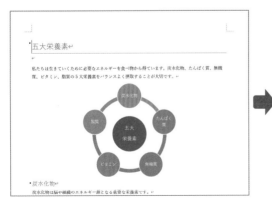

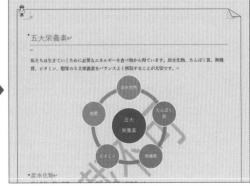

1 透かしを設定します。

❶ [デザイン] タブをクリックします。

❷ [ページの背景] グループの [透かし] をクリックします。

❸ [ユーザー設定の透かし] をクリックします。

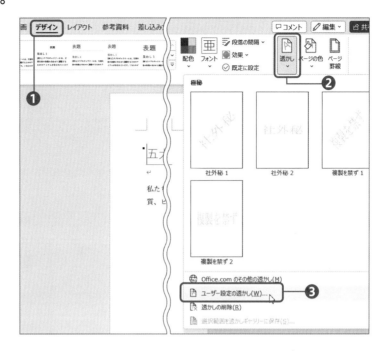

❹ [テキスト] をクリックします。

❺ [テキスト] に「転載不可」を設定します。

❻ [フォント] に「メイリオ」を設定します。

❼ [サイズ] を96ptに設定します。

❽ [色] を「ブルーグレー、テキスト2」に設定します。

❾ [半透明にする] にチェックを入れます。

❿ [レイアウト] の [対角線上] をクリックします。

⓫ [OK] ボタンをクリックします。

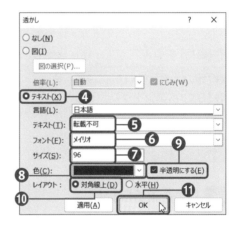

StepUp

設定した透かしを削除するには、[ページの背景] グループの [透かし] をクリックし、[透かしの削除] をクリックします。

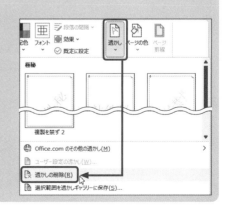

2 ページの色を設定します。

❶ [ページの背景] グループの [ページの色] をクリックします。

❷ [青、アクセント1、白+基本色80%] をクリックします。

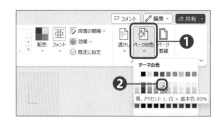

3 ページ罫線を設定します。

❶ [ページの背景] グループの [罫線と網かけ] (ページ罫線) をクリックします。

❷ [絵柄] を「 ［絵柄の図］ 」に設定します。

❸ [線の太さ] を31ptに設定します。

❹ [OK] ボタンをクリックします。

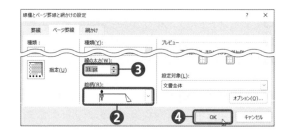

4 結果を確認します。

❶ ページの背景が設定されます。

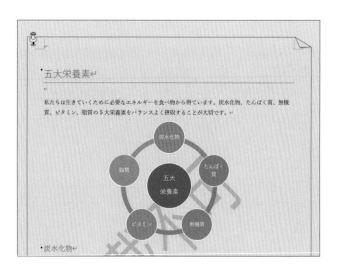

StepUp

透かしとページ罫線は印刷されますが、背景の色は初期設定では印刷されません。背景の色の印刷は『1-3-3 印刷の設定を変更する』を参照してください。

1-3 文書を保存する、共有する

1-3-1
別のファイル形式で文書を保存する、エクスポートする

　作成した文書は、Wordの旧バージョンやマクロファイル、Word以外のPDFなどのファイル形式で保存できます。

　「PDF」(Portable Document Format) は、文字や図などを作成した通りに保存できる電子ファイルフォーマットです。紙に印刷した時でもオンライン表示でも書式が正確に維持され、異なる環境のPCでも同じ状態で閲覧することが可能なので、一般的にファイルを共有するために使用します。

Lesson 12

サンプル Lesson12.docx

PDF形式でファイルを発行しましょう。ファイル名は「アメリカ民謡」にし、発行後にファイルを開きます。発行されたファイルを確認後、閉じましょう。

1 ファイル形式とファイル名を指定して発行します。

❶ F12 キーを押します。

❷ [ファイル名] に「アメリカ民謡」と入力します。

❸ [ファイルの種類] を「PDF」に変更します。

❹ [発行後にファイルを開く] にチェックを入れます。

❺ [保存] ボタンをクリックします。

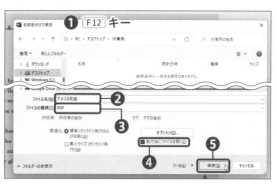

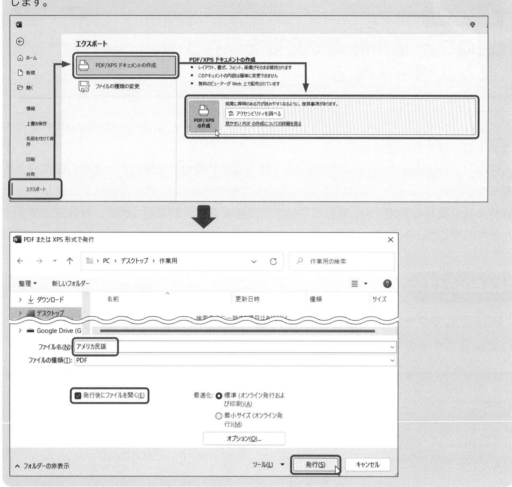

別の方法

[ファイル] タブの [エクスポート] の [PDF/XPSドキュメントの作成] をクリックし、[PDF/XPSの作成] をクリックします。[PDFまたはPS形式で発行] ダイアログボックスが表示されるので、保存先とファイル名を指定し、[発行後にファイルを開く] にチェックを入れて [発行] ボタンをクリックします。

2 PDFファイルを閉じます。

❶PDFファイルが発行されたことを確認し、[閉じる] ボタンをクリックします。

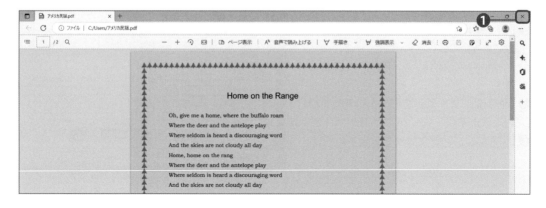

この例ではPDFファイルをMicrosoft Edgeで開いています。ほとんどのWebブラウザーではPDFファイルを表示できますが、オペレーティングシステムのバージョンによっては、Acrobat ReaderなどのPDFリーダーが必要となる場合があります。

PDF以外のファイル形式も同様の方法で保存できます。上記❶❸で［ファイルの種類］を変更するだけです。この例では［Word マクロ有効文書］を選択しています。

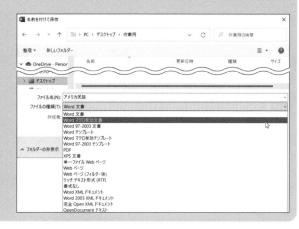

1-3-2

月 日	
月 日	
月 日	

組み込みの文書プロパティを変更する

「プロパティ」とは、ファイルの持つ固有の情報のことです。ファイルを保存したときの日時や保存者名のように自動的に保存されるものと、文書のタイトルやキーワードのように任意に設定できるものがあります。

Lesson 13　　　　サンプル Lesson13.docx

文書のプロパティに次のデータを追加しましょう。
・タイトル：アメリカ民謡
・キーワード：峠の我が家、アメージンググレース

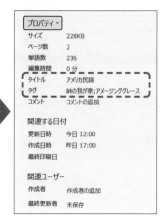

① ［プロパティ］ウィンドウを表示します。

❶［ファイル］タブをクリックします。

❷［情報］をクリックします。
❸［プロパティ］をクリックします。
❹［詳細プロパティ］をクリックします。

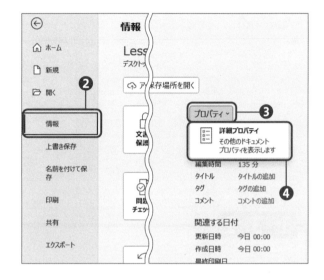

② プロパティを入力します。

❶［タイトル］に「アメリカ民謡」と入力します。
❷［キーワード］に「峠の我が家；アメージンググレース」と入力します。
❸［OK］ボタンをクリックします。

70

Point

複数のキーワードを登録するには、「;」（半角セミコロン）で区切ります。[キーワード] に入力した
データは [タグ] に表示されます。
元の画面に戻るには、⊙ をクリックします。

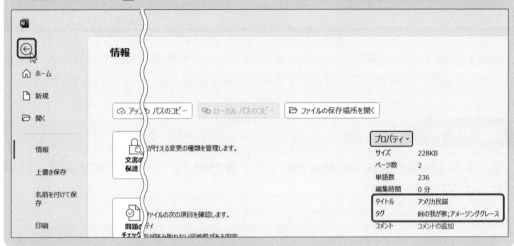

別の方法

[詳細プロパティ] ウィンドウを表示させず、[情報] の画面に直接入力することもできます。ただし、
[会社名] や [分類] などのように、[詳細プロパティ] を表示しないと項目が見えないプロパティもあ
ります。

1-3-3

印刷の設定を変更する

　印刷する際に、拡大／縮小したり、任意のページだけを印刷したりすることができます。また、通常は印刷されない隠し文字や背景画像を印刷することもできます。

Lesson 14

サンプル▶ Lesson14.docx

　隠し文字と背景を含めて印刷しましょう。その際、2ページが1枚の用紙に印刷されるように設定します。

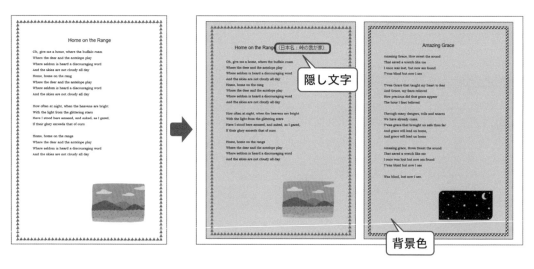

隠し文字

背景色

1 ［Wordのオプション］を表示します。

❶［ファイル］タブをクリックします。

❷ [オプション] をクリックします。[オプション] が
　 見えていない場合は、[その他] をクリックしてか
　 ら [オプション] をクリックします。

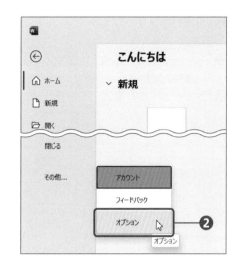

2 隠し文字と背景の印刷の設定をします。

❶ [表示] をクリックしま
　 す。
❷ [印 刷 オ プ シ ョ ン] の
　 [背景の色とイメージを
　 印刷する][隠し文字を
　 印刷する] にチェックを
　 入れます。
❸ [OK] ボタンをクリッ
　 クします。

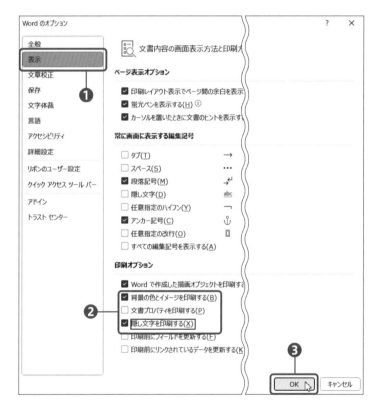

3 2ページ分が1ページになるように印刷します。

❶ [ファイル] タブをクリックします。

❷[印刷] をクリックし
　ます。
❸[1ページ/枚] をク
　リックします。
❹[2ページ/枚] をク
　リックします。

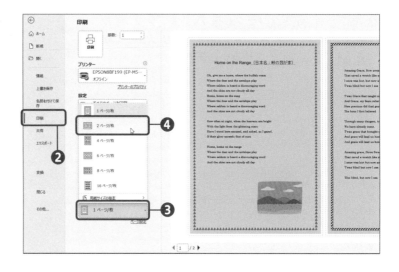

4 結果を確認します。

❶印刷した場合、1枚の用紙に2ページ分が印刷されます。また、背景の色と隠し文字も印刷されます。

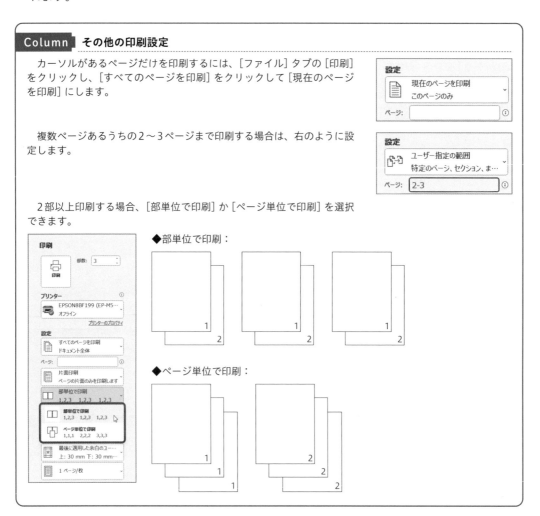

| Column | その他の印刷設定 |

　カーソルがあるページだけを印刷するには、[ファイル] タブの [印刷] をクリックし、[すべてのページを印刷] をクリックして [現在のページを印刷] にします。

　複数ページあるうちの2～3ページまで印刷する場合は、右のように設定します。

　2部以上印刷する場合、[部単位で印刷] か [ページ単位で印刷] を選択できます。

◆部単位で印刷：

◆ページ単位で印刷：

電子文書を共有する

「OneDrive」は、Microsoft社が提供するオンラインストレージサービスです。ファイルを保存する際に、保存先をOneDriveにするだけで、自宅のPCやスマートフォンやタブレットからでもドキュメントにアクセスできます。

OneDriveのデータを使用できるのは自分だけですが、ファイルを共有すれば、他の人と共同で作業することもできます。

Point

OneDriveを使用するには、Microsoftアカウントでサインインしておく必要があります。サインインしている場合は、画面の右上にアカウント名が表示されます。サインインしていない場合は、[サインイン] と表示されますので、クリックしてサインインします。

◆サインインしているとき　　　　　　　　◆サインインしていないとき

Lesson 15

サンプル Lesson15.docx

文書をOneDriveに保存しましょう。ファイル名は「アメリカ民謡」にします。

1 OneDriveに保存します。

❶ F12 キーを押します。

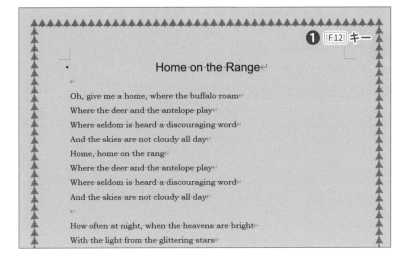

❷ [保存先] を [OneDrive] に
変更します。
❸ [ファイル名] に「アメリカ民
謡」と入力します。
❹ [保存] ボタンをクリックし
ます。

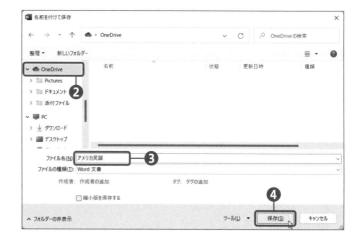

▶ 別の方法
[ファイル] タブをクリックし、[名前を付けて保存] を選択し、[保存先] を [OneDrive] に変更します。

2 結果を確認します。

❶ 画面左上に [自動保存] と表示され、🖫 が
🖫 に変わります。

Lesson 16

サンプル Lesson15で保存したファイル

前Lessonで保存した文書を、他の人と共有しましょう。ここでは「gihyo@example.com」の架空のアドレスと共有する方法で記述しますが、練習する際は、実在するアドレスに置き換えてください。

1 共有します。

❶ [共有] ボタンをクリックします。
❷ [共有] をクリックします。

2 共有する相手にメールを送信します。

❶ [リンクの送信] にメールアドレスを入力します。入力途中で候補が出てくる場合は、クリックすると入力されます。

❷ [送信] をクリックします。

❸ 送信のメッセージが表示されますので、閉じます。

StepUp

上記の続きの流れを解説します。

【リンクを受け取った側】

❶ 受け取ったメールのリンクをクリックします。

❷ ファイルが編集できることを確認します。ここではタイトル行に「（峠の我が家）」と入力しています。

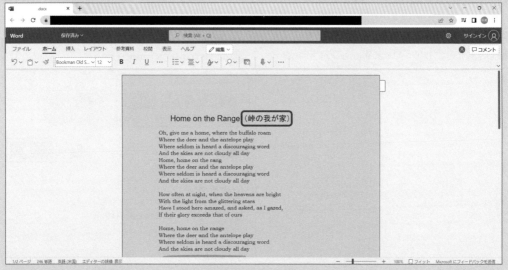

【リンクを送った側】

❶ Wordファイルは、相手が作業するとすぐに反映されます。また、相手が編集中の部分に赤いマークが表示され、ポイントすると編集者名が表示されます。

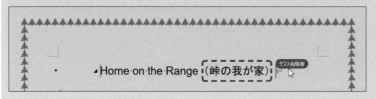

1-4 文書を検査する

1-4-1
隠しプロパティや個人情報を見つけて削除する

プロパティにはファイルの作成者や更新者などの個人情報も保存されるため、ファイルを他の人に配布する際には削除すると良いでしょう。プロパティの詳細は『1-3-2 組み込みの文書プロパティを変更する』を参照してください。

「ドキュメント検査」の機能を使用すると、プロパティだけではなく、作成中にメモとして入力したコメントや隠し文字がないかを検査して、必要に応じて一括で削除することができます。

準備

[隠し文字] を確認するために [編集記号の表示/非表示] をONにしておきましょう。

Lesson 17

サンプル Lesson17.docx

ドキュメント検査を使用して、個人情報、コメント、隠し文字をすべて削除しましょう。

この文書には、14行目に [コメント] が、17行目に [隠し文字] が挿入されています。

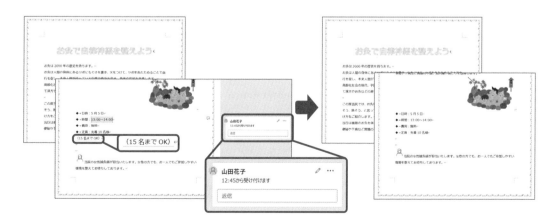

1 [ドキュメント検査] を表示します。

❶[ファイル] タブをクリックします。

❷[情報] をクリックします。

❸[問題のチェック] をクリックします。

❹[ドキュメント検査] をクリックします。

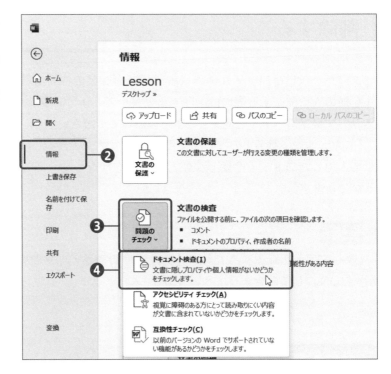

2 ドキュメント検査を行い、不要な情報を削除します。

❶[検査] ボタンをクリックします。

❷[コメント、変更履歴、バージョン]の[すべて削除]をクリックします。

❸同様に[ドキュメントのプロパティと個人情報]と[隠し文字]の[すべて削除]をクリックします。
❹[閉じる]ボタンをクリックします。

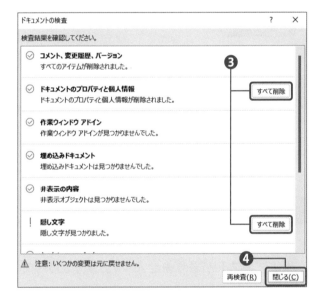

3 結果を確認します。

❶[プロパティ]が削除されます。
❷🔙をクリックして元の画面に戻ります。

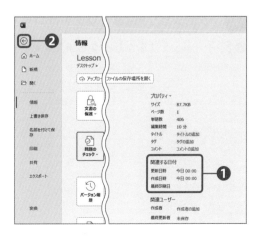

❸ コメントと隠し
　文字が削除され
　ます。

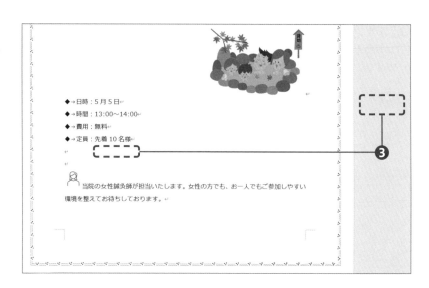

1-4-2
アクセシビリティに関する問題を見つけて修正する

　「アクセシビリティチェック」は、視覚に障碍のある方が読み上げソフトを使用してファイルを読む際などに、読み取りにくい内容がないかどうかをチェックする機能です。

Lesson 18　　　　　　　　　　　　　サンプル ▶ Lesson18.docx

　アクセシビリティチェックを行い、エラーに対して次の操作をしましょう。

・代替テキストがありません：[おすすめアクション] の [説明の追加] で「温泉のイラスト」を入力

・画像またはオブジェクトが行内にありません：[このインラインを配置]

1 アクセシビリティチェックを行います。

❶ [ファイル] タブをクリックします。

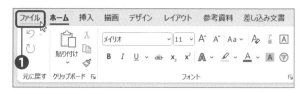

❷［情報］をクリックします。

❸［問題のチェック］をクリックします。

❹［アクセシビリティチェック］をクリックします。

━━━ 別の方法 ━━━

ステータスバーの「アクセシビリティ：検討が必要です」をクリックします。

> アクセシビリティに関する推奨事項が見つかりました。詳しく調べるには、ここをクリックしてください。

1/1 ページ　　399 単語　　□　日本語　　🔊　🔈 アクセシビリティ: 検討が必要です

❷ 1つ目のエラーの対応をします。

❶［アクセシビリティ］作業ウィンドウの［代替テキストがありません］をクリックします。

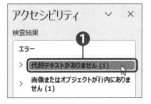

❷［図1］の ☑ をクリックします。

❸［説明を追加］をクリックします。

❹ [代替テキスト] に「温泉のイラスト」と入力します。
❺ [閉じる] ボタンをクリックします。

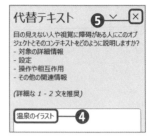

3 2つ目のエラーの対応をします。

❶ 同様に、[画像またはオブジェクトが行内にありません] の [テキストボックス] の ☑ をクリックします。
❷ [このインラインを配置] をクリックします。

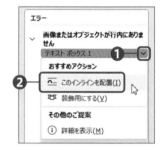

> **Point**
>
> [インライン] とは図形を [行内] に配置して文字扱いにすることです。詳細は『5-2-4 オブジェクトの周囲の文字列を折り返す、配置する』を参照してください。
> [装飾用にする] は、興味や関心を引くためのものであって、説明がなくても問題がないオブジェクトの時に使用します。

4 結果を確認します。

❶ [アクセシビリティ] 作業ウィンドウからエラーが無くなります。
❷ [閉じる] ボタンをクリックします。

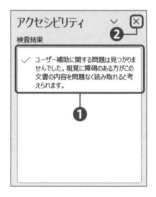

❸ ステータスバーの表記も変わります。

1/1 ページ	12/399 文字	📖	日本語	🗟	🧏 アクセシビリティ: 問題ありません

1-4-3
下位バージョンとの互換性に関する問題を見つけて修正する

　他の人とファイルのやり取りをする際には、互換性を考慮する必要があります。[互換性チェック]の機能を使用すると、自分が作成したファイルに、旧バージョンで再現できない機能がないかどうかを確認することができます。

　また、Wordの旧バージョンで保存したファイルを開くと、タイトルバーに[互換モード]と表示されます。これは以前のバージョンと互換性がない新機能をオフにして起動していることを表しますが、互換性を考慮しなくて良くなった場合は、最新のファイルに変換できます。

Lesson 19   サンプル Lesson19.docx

ファイルの互換性をチェックしましょう。

1 互換性をチェックします。

❶[ファイル]タブをクリックします。

❷[情報]をクリックします。
❸[問題のチェック]をクリックします。
❹[互換性チェック]をクリックします。

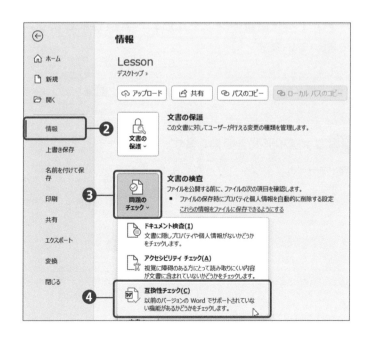

❺内容を確認し、[OK] ボタンをクリックします。

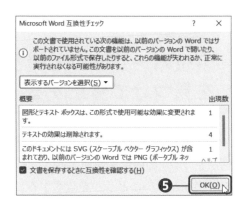

Lesson 20　　　　　　　　　　　　　　サンプル Lesson20.docx

　ファイルを最新のファイル形式へ変換しましょう。このファイルは [互換モード] で開いています。

1 ファイル形式を変換します。

❶[ファイル] タブをクリックします。

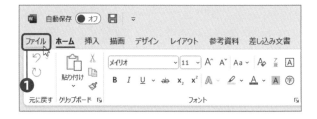

❷ [情 報] を ク
リックします。

❸ [変 換] を ク
リックします。

❹ [OK] ボ タ ン
をクリックし
ます。

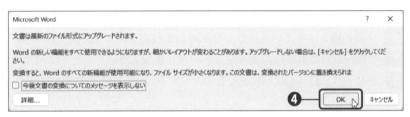

2 結果を確認します。

❶ タイトルバーから [互換モード] の表
示が無くなります。

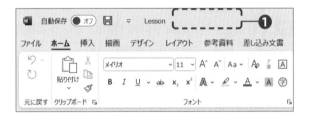

第1章

練 習 問 題

サンプル 第1章_練習問題.docx
解答 別冊1ページ

➕ **準備** 編集記号を表示しておきましょう。(参照先 1-1-3 Lesson05)

1 ドキュメント検査を実施し、個人情報とプロパティを削除しましょう。

2 ヘッダー右に「公衆衛生学_前期試験」と入力しましょう

3 ページの下部に「X/Yページ」の「太字の番号 2」のページ番号を挿入しましょう。

4 印刷の向きを「縦」に、余白を「狭い」にしましょう

5 1つ目の表の問題1〜5の答えの文字を隠し文字に設定しましょう。

6 文書に挿入されている透かしを削除しましょう。

7 2ページ目の最終行の改ページを削除しましょう。

8 2ページ28行目の「※QOLとは：」に「QOL」という名前のブックマークを挿入しましょう。

9 文頭にジャンプしましょう。

10 1ページの表内の2つ目の項目の文字列「QOL」に、ブックマーク「QOL」へのハイパーリンクを設定しましょう。

11 1ページ1行目の文字列に「補足」という名称のスタイルを作成しましょう。そのスタイルを、2ページ28行目に設定しましょう。

12 文書のプロパティの [分類] に「ライフデザイン科」と入力しましょう。

13 アクセシビリティチェックを行い、文末の写真に「ハート形の赤いマスク」の代替テキストを設定しましょう。

14 PDFで任意のフォルダーに保存しましょう。ファイル名は「公衆衛生学」にし、作成後PDFファイルを開く設定にしましょう。

Chapter

2

文字、段落、セクションの挿入と書式設定

2-1 文字列や段落を挿入する

2-1-1

文字列を検索する

　[検索] の機能を使用すると、文書の中から指定した文字列を探し出し、ハイライト表示できます。通常、半角と全角の区別なく検索されますが、半角だけを検索したり、文書の下から上へさかのぼるように検索したりすることもできます。

Lesson 21

サンプル Lesson21.docx

　文書の中から「ダンス」の文字列を検索しましょう。次に全角の「ダンス」を検索しましょう。検索後、ナビゲーションウィンドウを閉じます。

時間	大ホール	講堂
10:00 → ～→10:10	開会式	無し
10:10 → ～→10:30	ダンス！ダンス！ダンス！	グリークラブ
10:40 → ～→11:00	箏曲	パントマイム
11:10 → ～→12:00	子供の英語劇	和太鼓
12:10 → ～→12:30	ヒップホップダンス	コーラス
12:30 → ～→13:00	無し	落語
13:00 → ～→14:00	日本舞踊	懐かしのフォークソング
14:10 → ～→15:00	ピアノ（15歳以下の部）	お濃茶でおもてなし

時間	大ホール	講堂
10:00 → ～→10:10	開会式	無し
10:10 → ～→10:30	ダンス！ダンス！ダンス！	グリークラブ
10:40 → ～→11:00	箏曲	パントマイム
11:10 → ～→12:00	子供の英語劇	和太鼓
12:10 → ～→12:30	ヒップホップダンス	コーラス
12:30 → ～→13:00	無し	落語
13:00 → ～→14:00	日本舞踊	懐かしのフォークソング
14:10 → ～→15:00	ピアノ（15歳以下の部）	お濃茶でおもてなし

1 検索のウィンドウを表示します。

❶ [ホーム] タブをクリックします。

❷ [編集] グループの [検索] をクリックします。

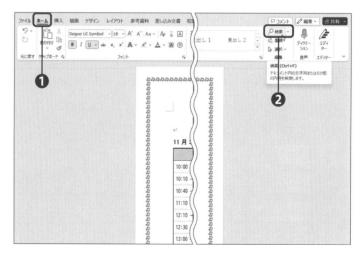

別の方法

Ctrl キーを押しながら F キーを押します。

2 文字列を検索します。

❶[ナビゲーションウィンドウ]
に「ダンス」と入力します。
❷ナビゲーションウィンドウに
件数が表示され、文書中の
「ダンス」が半角/全角問わず
ハイライト表示されます。

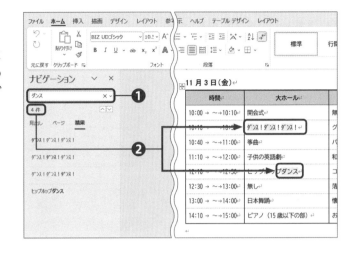

3 高度な検索をするための[検索と置換]ダイアログボックスを表示します。

❶[ナビゲーションウィンドウ]
の[さらに検索] ⌄ をクリッ
クします。
❷[高度な検索]をクリックしま
す。

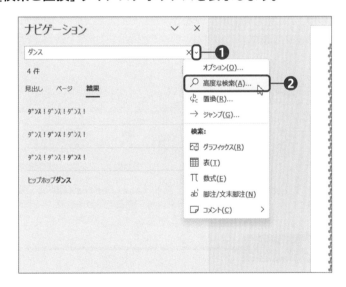

4 検索オプションを設定します。

❶[オプション]ボタンをクリッ
クします。

❷ [あいまい検索 (日)] のチェックを外します。

❸ [半角と全角を区別する] のチェックを入れます。

❹ [次を検索] をクリックします。

❺ 全角の「ダンス」へジャンプします。

❻ [次を検索] をクリックします。

❼ [文書の検索が終了しました] と 表 示 さ れ る の で、[OK] ボタンをクリックします。

❽ [検索と置換] ダイアログボックスの [キャンセル] ボタンをクリックします。

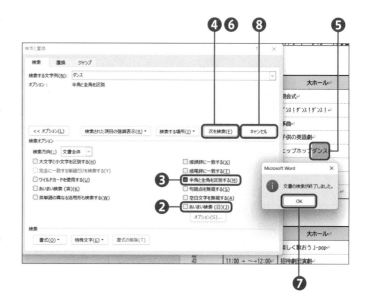

❾ [ナビゲーションウィンドウ] の [閉じる] ボタンをクリックします。

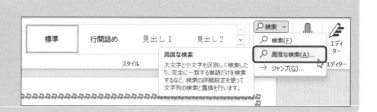

2-1-2

学習日チェック

月	日	⌄
月	日	⌄
月	日	⌄

文字列を置換する

[置換] の機能を使用すると、文書の中から指定した文字列を探し出すと同時に、別の文字列や書式を設定した文字列に置き換えることができます。

1か所ずつ確認しながら置換することもできますし、一括してすべての文字列を置換することもできます。

すべての「無し」を「-」(半角ハイフン) へ一括して置換しましょう。「-」は赤字、太字にします。置換後、置換のためのダイアログボックスを閉じます。

時間	大ホール	講堂
10:00 → ～→10:10	開会式	無し
10:10 → ～→10:30	ダンス！ダンス！ダンス！	グリークラブ
10:40 → ～→11:00	箏曲	パントマイム
11:10 → ～→12:00	子供の英語劇	和太鼓
12:10 → ～→12:30	ヒップホップダンス	コーラス
12:30 → ～→13:00	無し	落語
13:00 → ～→14:00	日本舞踊	懐かしのフォークソング
14:10 → ～→15:00	ピアノ（15 歳以下の部）	お濃茶でおもてなし

時間	大ホール	講堂
10:00 → ～→10:10	開会式	-
10:10 → ～→10:30	ダンス！ダンス！ダンス！	グリークラブ
10:40 → ～→11:00	箏曲	パントマイム
11:10 → ～→12:00	子供の英語劇	和太鼓
12:10 → ～→12:30	ヒップホップダンス	コーラス
12:30 → ～→13:00	-	落語
13:00 → ～→14:00	日本舞踊	懐かしのフォークソング
14:10 → ～→15:00	ピアノ（15 歳以下の部）	お濃茶でおもてなし

1 [検索と置換] ダイアログボックスを表示します。

❶[ホーム] タブをクリックします。

❷[編集] グループの [置換] をクリックします。

❸[検索と置換] ダイアログボックスが表示されます。

▶ 別の方法

[Ctrl] キーを押しながら [H] キーを押します。

2 置換する文字を入力し、[オプション]を表示します。

❶[検索する文字列] に「無し」と入力します。

❷[置換後の文字列] に「-」(半角のハイフン) を入力します。

❸[オプション] ボタンをクリックします。

❹[書式] ボタンをクリックします。

❺[フォント] をクリックします。

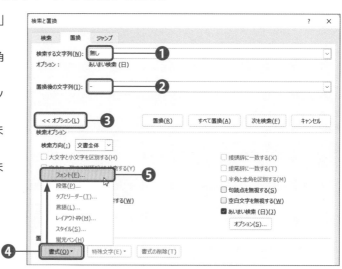

3 フォントの設定をします。

❶[フォントの色]を[赤]にします。

❷[スタイル]を[太字]にします。

❸[OK]ボタンをクリックします。

4 置換します。

❶[置換後の文字列]に書式が設定されたことを確認します。

❷[すべて置換]をクリックします。

5 ダイアログボックスを閉じます。

❶「完了しました。3個の項目を置換しました。」のメッセージが表示されるので[OK]ボタンをクリックします。

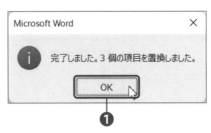

❷ [検索と置換] ダイアログボックスの [閉じる] ボタンをクリックします。

文字、段落、セクションの挿入と書式設定

StepUp

1件ずつ確認するには、カーソルを文頭に置き、[次を検索] をクリックします。対象の文字列にジャンプするので、置換するには [置換] ボタンを、置換しないで次へ行くには [次を検索] をクリックします。[<< オプション] をクリックすると、展開した [検索オプション] が閉じられます。

記号や特殊文字を挿入する

文書には、©や☎のようなキーボードにない特殊文字を挿入できます。

一般的な記号の入力方法は、『0-2-5 記号や読めない文字の入力』を参照してください。

Lesson 23

サンプル Lesson23.docx

1行目のタイトルの末尾に「☘」（シーゴ ユーアイ シンボル Segoe UI Symbolフォントの文字コード2618）を、文末の「GIHYO Culture Corp.」の前に「©」（コピーライト）を入力しましょう。

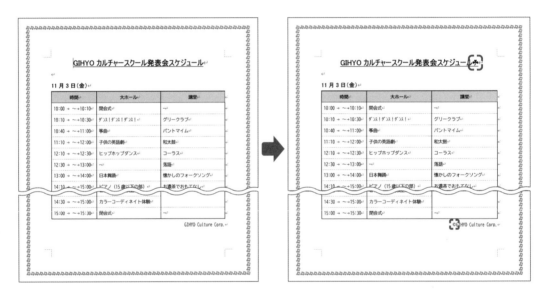

1 ［記号と特殊文字］ダイアログボックスを表示します。

❶ カーソルを1行目のタイトルの末尾に移動します。

❷ ［挿入］タブをクリックします。

❸ ［記号と特殊文字］グループの［記号の挿入］（記号と特殊文字）をクリックします。

❹ ［その他の記号］をクリックします。

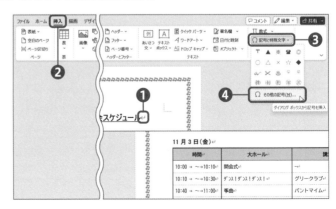

2 「♣」を入力します。

❶ [フォント] を [Segoe UI Symbol] に設定します。
❷ 「♣」をクリックします。または 文字コード] に「2618」と入力します。
❸ [挿入] ボタンをクリックします。

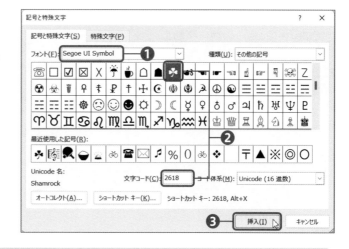

2

文字、段落、セクションの挿入と書式設定

> **Point**
> 「（現在選択されているフォント）」や「Wingdings」など、フォントごとに使用できる記号が異なる場合があります。よく使われる記号は「Segoe UI Symbol」「Wingdings」に多く含まれます。

3 結果を確認します。

❶ カーソル位置に「♣」が表示されます。
❷ [閉じる] ボタンをクリックします。

4 再度［記号と特殊文字］ダイアログボックスを表示します。

❶ カーソルを文末の「GIHYO Culture Corp.」の前に移動します。

❷ ❶と同様にして［記号と特殊文字］の［その他の記号］をクリックします。

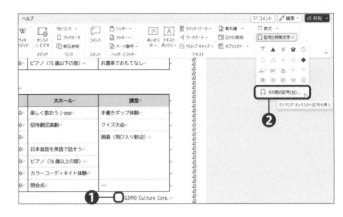

5 「©」を入力します。

❶ ［特殊文字］タブをクリックします。

❷ 「© コピーライト」をクリックします。

❸ ［挿入］ボタンをクリックします。

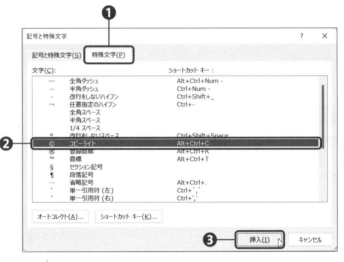

6 結果を確認します。

❶ カーソルの位置に「©」が挿入されます。

❷ ［閉じる］ボタンをクリックします。

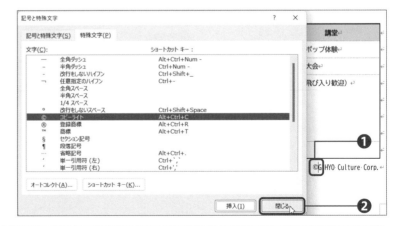

▶ 別の方法
半角で「 (c)」と入力しても「©」が入力されます。これを「オートコレクト機能」といい、「 (r)」で「®」、「 (tm)」で「™」なども同様に入力できます。

2-2 文字列や段落の書式を設定する

2-2-1

文字の効果を適用する

影や光彩などの効果を使用して、文字列を目立たせることができます。

Lesson 24　　　　　　　　　　　　　　サンプル Lesson24.docx

9行目の「ロビー」に次の文字の効果を設定しましょう。
・**[塗りつぶし：青、アクセント カラー1；影] の効果**
・**文字の輪郭：ブルーグレー、テキスト2**

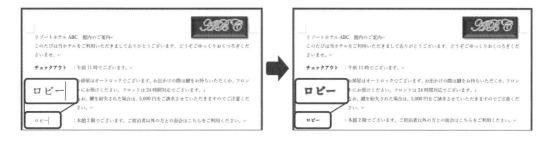

1 文字の効果を設定します。

❶9行目の「ロビー」を選択します。

❷[ホーム] タブをクリックします。

❸[フォント] グループの [文字の効果と体裁] をクリックします。

❹[塗りつぶし：青、アクセント カラー1；影] をクリックします。

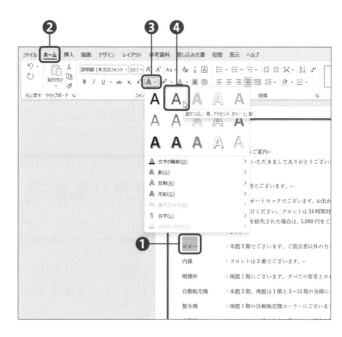

2 文字の輪郭を設定します。

❶再度［フォント］グループの
　［文字の効果と体裁］をクリッ
　クします。
❷［文字の輪郭］をポイントしま
　す。
❸［ブルーグレー、テキスト2］
　をクリックします。

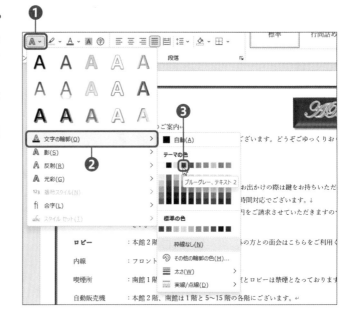

3 結果を確認します。

❶選択した文字列に、文字の効
　果が設定されます。

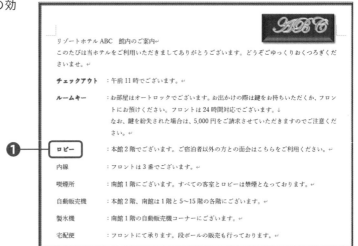

2-2-2
書式のコピー/貼り付けを使用して、
書式を適用する

　同じ書式を複数の箇所に設定したいときに、1つずつ設定するのではミスも起こりやす
く面倒です。［書式のコピー/貼り付け］を使用すると、1か所に設定済みの書式を、他の
箇所にコピーすることができます。

Lesson 25

サンプル Lesson25.docx

4行目の「午前11時」の書式を、7行目の「5,000円」に貼り付けましょう。次に、13行目の「製氷機」の書式を、14行目の「宅配便」、15行目の「ランドリー」、17行目の「Wi-fi」、18行目の「駐車場」、20行目の「連泊のお客様へ」の5か所に貼り付けましょう。

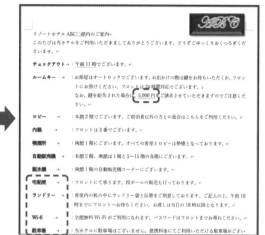

1 書式のコピー/貼り付けをします。

❶ 4行目の「午前11時」を選択します。

❷ [ホーム] タブをクリックします。

❸ [クリップボード] グループの [書式のコピー/貼り付け] をクリックします。

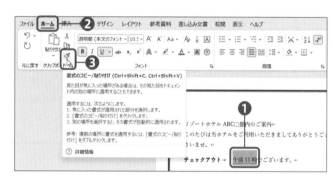

❹ マウスポインターが の形状で7行目の「5,000円」をドラッグします。

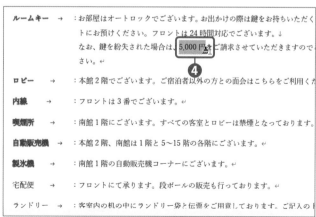

2 複数箇所に書式のコピー/貼り付けをします。

❶ 13行目の「製氷機」を選択します。

❷ [クリップボード] グループの [書式のコピー/貼り付け] をダブルクリックします。

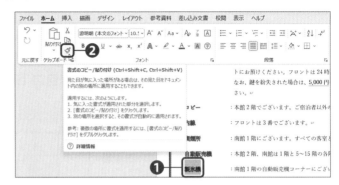

❸ マウスポインターが 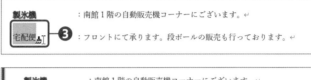 の形状で14行目の「宅配便」をドラッグします。

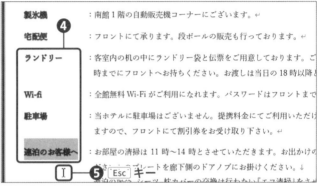

❹ 同様に、マウスポインターが □ の形状のままで15行目の「ランドリー」、17行目の「Wi-fi」、18行目の「駐車場」、20行目の「連泊のお客様へ」を次々にドラッグします。

❺ Esc キーを押して終了します。マウスポインターが通常の形状へ戻ります。

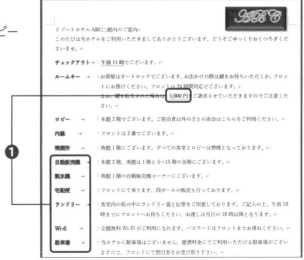

StepUp

[書式のコピー/貼り付け] をダブルクリックすると、機能が固定されて複数箇所に次々と書式をコピーできます。解除するには、Esc キーを押すか、[書式のコピー/貼り付け] をクリックします。

---

3 結果を確認します。

❶ 文字ではなく書式だけがコピーされます。

2-2-3

行間、段落の間隔を設定する

「行間」とは、行と行の間隔のことです。通常は文字サイズが同じならすべての行間は同じですが、広げたり、逆に狭めたりできます。

「段落」とは、段落記号（改行マーク）で区切られた部分を指し、1行で1段落の場合もあれば、複数行で1段落の場合もあります。

行間の設定は段落に関係なくすべての行が同じ間隔になりますが、段落の間隔を変更すると、1段落が1つのかたまりのようになるので読みやすくなります。

Lesson 26

サンプル▶ Lesson26.docx

1行目〜3行目の行間を1.5行へ変更しましょう。

1 行間を変更します。

❶ 1〜3行目を選択します。
❷ ［ホーム］タブをクリックします。
❸ ［段落］グループの［行と段落の間隔］をクリックします。
❹ ［1.5］をクリックします。

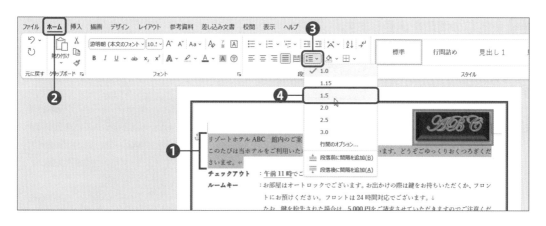

2 結果を確認します。

❶ 行と行の間隔が変更されます。

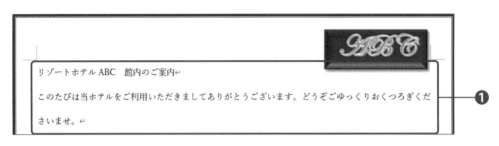

リゾートホテル ABC　館内のご案内

このたびは当ホテルをご利用いただきましてありがとうございます。どうぞごゆっくりおくつろぎくださいませ。 ❶

Point

この例は、2段落で3行ですが、段落に関係なく同じ行間隔になります。

Lesson 27 サンプル Lesson27.docx

4行目の「チェックアウト」～24行目の「皆様のご理解・ご協力をありがとうございます。」の段落前の間隔を0.5へ変更しましょう。

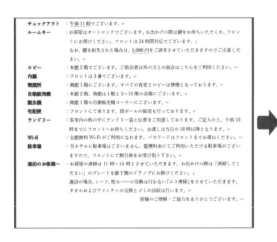 

---

1 段落前の間隔を変更します。

❶ 4～24行目を選択します。

❷ [ホーム] タブをクリックします。

❸ [段落] グループのダイアログボックス起動ツール 🔲 (段落の設定) をクリックします。

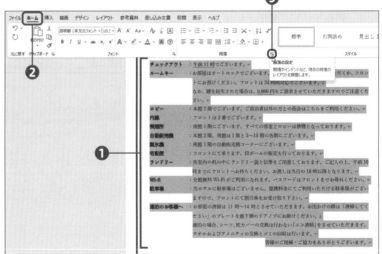

❹ [間隔] の [段落前] を [0.5行] にします。
❺ [OK] ボタンをクリックします。

▶ 別の方法

[レイアウト] タブの [段落] グループの [間隔] を使用しても変更できます。

2 結果を確認します。

❶ 段落の前の間隔が変更されます。

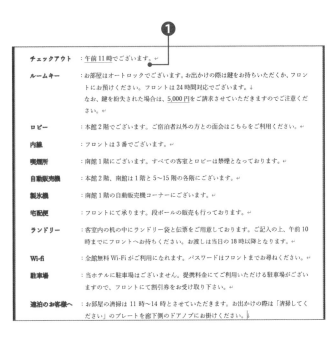

🖐 Point

「段落前」とは、段落記号（改行マーク）で区切られた文章のかたまりの上を指します。上記の例では、「チェックアウト」の上、「ルームキー」の上、「ロビー」の上……が0.5行空く設定です。
「ルームキー」の中の4行の間隔は、同じ段落なので変更されていません。

インデントを設定する

「インデント」とは、段落の左端、右端の位置を揃える機能です。インデントには、左インデント、右インデント、1行目のインデント、ぶら下げインデントの4種類があります。

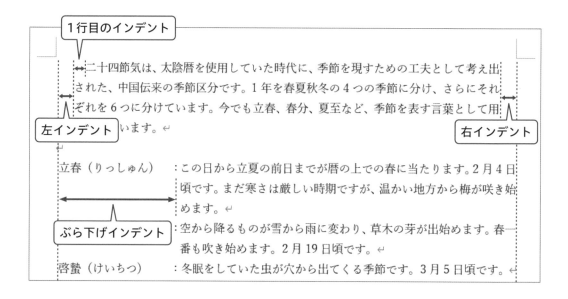

Lesson 28

サンプル Lesson28.docx

2～3行目（「このたびは」で始まる段落）の左右のインデントをそれぞれ2文字に設定し、さらに1行目のインデントを1文字に設定しましょう。

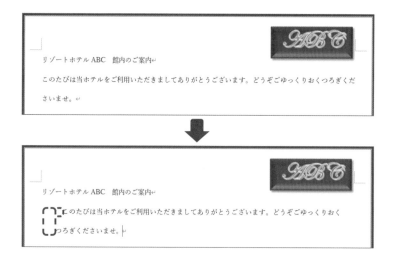

❶ インデントの設定をします。

❶ 2～3行目を選択します。
❷ [ホーム] タブをクリックします。
❸ [段落] グループのダイアログボックス起動ツール 🔲 (段落の設定) をクリックします。

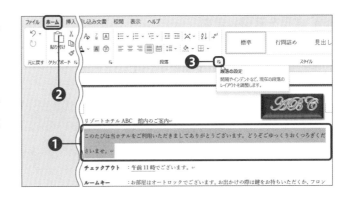

❹ [インデント] の [右] と [左] を「2」にします。
❺ [最初の行] を [字下げ] にします。
❻ [幅] を「1字」にします。
❼ [OK] ボタンをクリックします。

▶ 別の方法

左右のインデントは、[レイアウト] タブの [段落] グループの [インデント] を使用しても変更できます。

左インデントだけであれば、[ホーム] タブの [段落] グループの [インデントを増やす] [インデントを減らす] を使用しても変更できます。

2 結果を確認します。

❶ 左右のインデントが設定され、さらに段落の先頭が1文字分字下げされます。

リゾートホテル ABC　館内の…

このたびは当ホテルを…ございます。どうぞごゆっくりおく

つろぎくださいませ。

Lesson 29

4行目の「チェックアウト」〜22行目の「連泊のお客様へ」の項目の最終行に9文字のぶら下げインデントを設定しましょう。

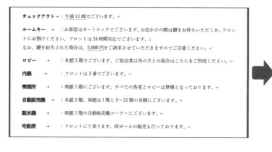 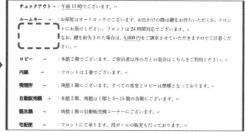

1 インデントの設定をします。

❶ 4〜22行目を選択します。

❷ [ホーム] タブをクリックします。

❸ [段落] グループのダイアログボックス起動ツール 🔽（段落の設定）をクリックします。

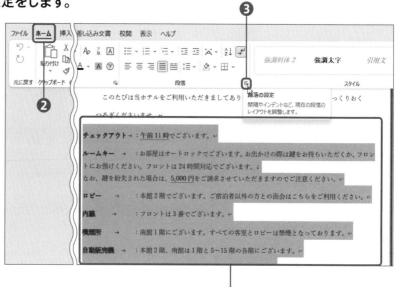

108

④[インデント]の[最初の行]を[ぶら下げ]に
します。

⑤[幅]を「9字」にします。

⑥[OK]ボタンをクリックします。

2 結果を確認します。

❶段落の1行目はそのままで、2
行目以降にインデントが設定さ
れます。

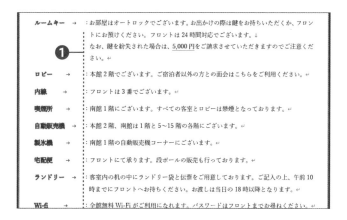

組み込みの文字スタイルや
段落スタイルを適用する

　「スタイル」とは、フォントサイズやフォントの色、段落の間隔などの複数の書式をまとめて設定し、名前を付けたものです。Wordにはあらかじめ組み込みの文字スタイルと段落スタイルが用意されていますので、クリックするだけで簡単に適用できます。

　独自のスタイルを作成する方法は『1-2-2 スタイルセットを適用する』を参照してください。

Lesson 30 ▶

サンプル Lesson30.docx

1行目のタイトルに組み込みの段落スタイル「表題」を、2～3行目（「このたびは」で始まる段落）の文字列に組み込みの文字スタイル「強調斜体2」を設定しましょう。

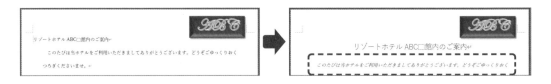

1　段落スタイルを設定します。

❶1行目にカーソルを移動します。

❷[ホーム] タブをクリックします。

❸[スタイル] グループの [その他] をクリックします。

❹[表題] をクリックします。

Point

段落スタイルは、カーソルがある段落全体に設定されるため、範囲選択は不要です。

2 文字スタイルを設定します。

❶ 2～3行目の文字列を選択します。
❷ ❶と同様にして [強調斜体2] をクリックします。

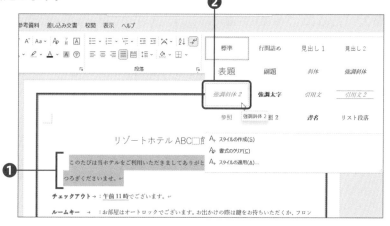

3 結果を確認します。

❶ 段落スタイルと文字スタイルが設定されます。

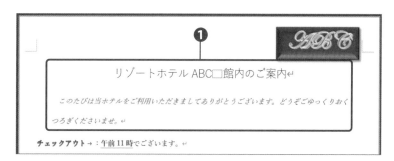

2-2-6

書式をクリアする

　設定した書式は1つずつ解除することもできますが、すべての書式を一括してクリアして、標準の文字列 (游明朝、10.5Pt) に戻すことができます。

Lesson 31

サンプル Lesson31.docx

22行目の「エコ清掃」に設定されている書式をすべてクリアしましょう。

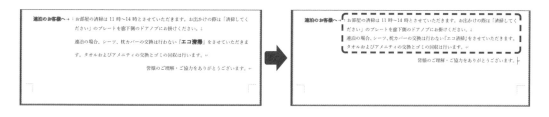

1 書式を一括でクリアします。

❶ 22行目の「エコ清掃」を選択します。

❷ [ホーム] タブをクリックします。

❸ [フォント] グループの [すべての書式をクリア] をクリックします。

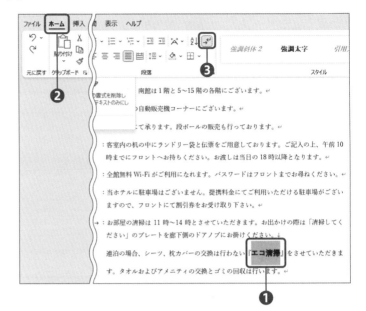

2 結果を確認します。

❶ 文字列に設定されていた複数の書式が一括してクリアされます。

部屋の清掃は 11 時〜14 時とさせていただきます。お出かけの際は「清掃してく さい」のプレートを廊下側のドアノブにお掛けください。↵
白の場合、シーツ、枕カバーの交換は行わない『エコ清掃』をさせていただきます。 ォルおよびアメニティの交換とゴミの回収は行います。↵

皆様のご理解・ご協力をありがとうございます。↵

❶

別の方法

Ctrl キーを押しながら スペース キーを押してもすべての書式をクリアできます。

2-3 文書にセクションを作成する、設定する

2-3-1

ページ区切りを挿入する

　1ページを超える行数を入力すると、自動的に改ページされ次のページに進みますが、区切りの良い部分などに手動で改ページを挿入できます。

準備

この節では、あらかじめ編集記号、行番号、セクションを表示しておきます。

❶ [ホーム] タブの [段落] グループの [編集記号の表示/非表示] をONに設定します。
❷ ステータスバーを右クリックします。
❸ [セクション] と [行番号] にチェックを入れます。

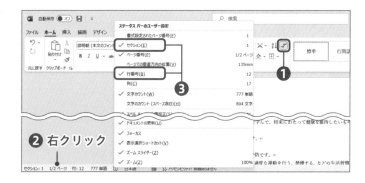

Lesson 32

サンプル Lesson32.docx

26行目から次のページが始まるように、改ページを挿入しましょう。

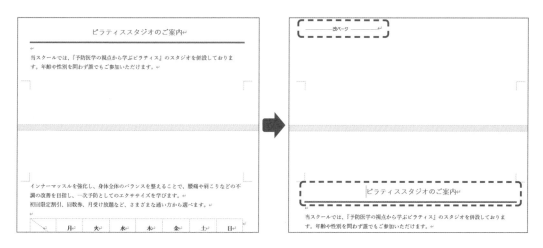

1 改ページを挿入します。

❶ カーソルを26行目の先頭に移動します。

❷ Ctrl キーを押しながら Enter キーを押します。

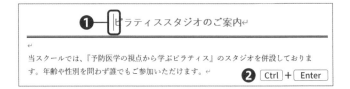

別の方法

❶ [レイアウト] タブをクリックします。
❷ [ページ設定] グループの [ページ/セクション区切りの挿入] (区切り) をクリックします。
❸ [改ページ] をクリックします。

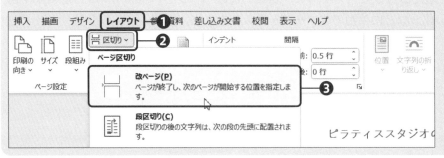

2 結果を確認します。

❶ カーソルの位置で改ページされ、編集記号が表示されます。

StepUp

手動で挿入した改ページを削除するには、改ページの左端にカーソルを移動し、Delete キーを押します。

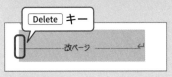

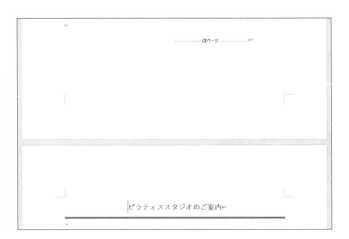

2-3-2
セクションごとにページ設定のオプションを変更する

「セクション」とは、行やページと同じように、Wordの文書を構成するまとまりの単位です。通常Wordファイルは何ページあっても1つのセクションですが、セクション区切りを挿入して複数のセクションに分けると、セクションごとに用紙サイズや印刷の向き、ヘッダー/フッターを設定することができます。

Lesson 33

サンプル Lesson33.docx

26行目から「次のページから開始」のセクション区切りを挿入しましょう。その後、セクション2だけB5サイズの横方向に変更しましょう。

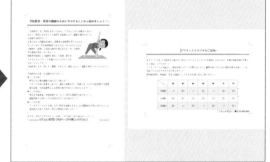

1 セクション区切りを挿入します。

❶ カーソルを26行目の先頭に移動します。

❷ [レイアウト] タブをクリックします。

❸ [ページ設定] グループの[ページ/セクション区切りの挿入] (区切り) をクリックします。

❹ [セクション区切り] の [次のページから開始] をクリックします。

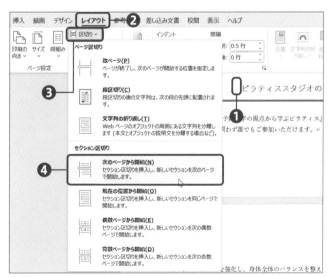

2 **セクション2の用紙サイズと向きを変更します。**

❶ カーソルがセクション2にある
ことを確認します。

❷ [ページ設定] グループの
[ページサイズの選択] (サイ
ズ) をクリックします。

❸ [B5] をクリックします。

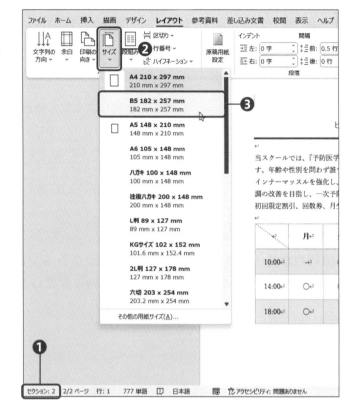

❹ [ページ設定] グループの [ペー
ジの向きを変更] (印刷の向き)
をクリックします。

❺ [横] をクリックします。

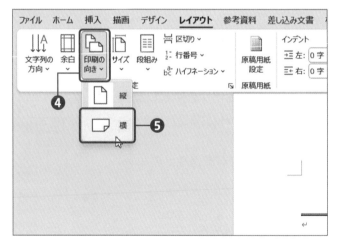

3 結果を確認します。

❶ 1ページ目（セクション1）は初期値のまま、2ページ目（セクション2）がB5サイズで横に設定されます。（この画面はわかりやすいように縮小しています。）

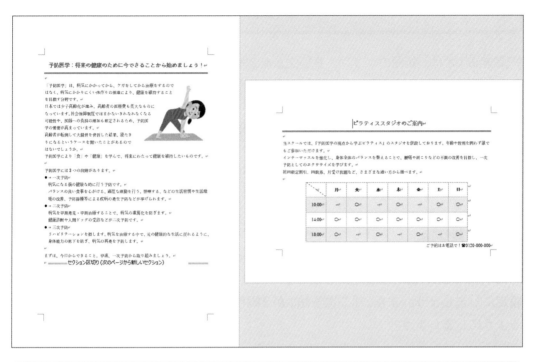

> **StepUp**
>
> 挿入したセクション区切りは、改ページの削除と同様に、セクション区切りの左端にカーソルを移動し、Delete キーを押して削除することができます。
> ただし、今回のように、セクションごとに異なるページ設定をしている場合、セクション区切りを削除すると後ろのセクションのページ設定が、前のセクションのページに適用されてしまい、すべてのページがB5横に変更されますので、レイアウトの修正が必要です。
>
> Delete キー
>
>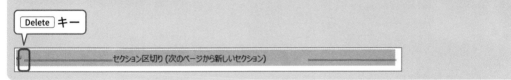

2-3-3

文字列を複数の段に設定する

　「段組み」とは、新聞のように、長い文章を2段以上のブロックに分けて配置するレイアウトです。用紙の端から端まで読むのに比べて視線の移動が少ないため読みやすかったり、その部分を強調したりできるというメリットがあります。

　段組みの幅を変更したり、任意の位置で次の段へ文字を送る「段区切り」を挿入したりすることもできます。

　文書内の一部分を段組みに設定すると、その前後に自動的に「セクション区切り」が挿入されます。

Lesson 34

サンプル　Lesson34.docx

13行目〜22行目を3段組にしましょう。その際、段の幅は「12」、境界線を引く設定にしましょう。また、「二次予防」が2段目から、「三次予防」が3段目から始まるようにしましょう。

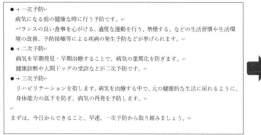
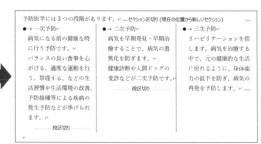

1 [段組み] ダイアログボックスを表示します。

❶ 13行目～22行目を選択します。

❷ [レイアウト] タブをクリックします。

❸ [ページ設定] グループの [段の追加または削除] (段組み) をクリックします。

❹ [段組みの詳細設定] をクリックします。

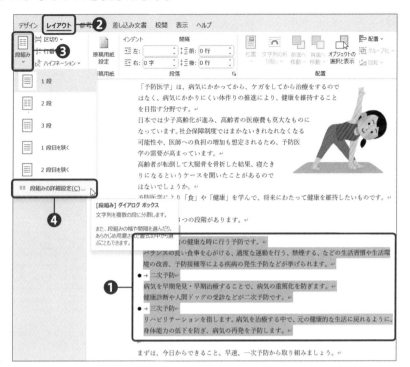

2 段組みの詳細設定をします。

❶ [種類] を [3段] にします。

❷ [段の幅] を「12」にします。

❸ [境界線を引く] にチェックを入れます。

❹ [OK] ボタンをクリックします。

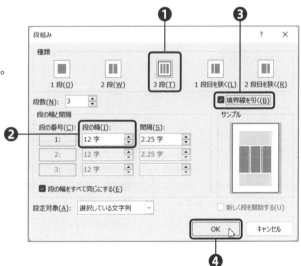

3 段区切りを挿入します。

❶「二次予防」の先頭に
カーソルを移動しま
す。
❷[ページ設定] グルー
プの [ページ/セク
ション区切りの挿入]
(区切り) をクリック
します。
❸[段区切り] をクリッ
クします。
❹同様に「三次予防」
の先頭に [段区切り]
を挿入します。

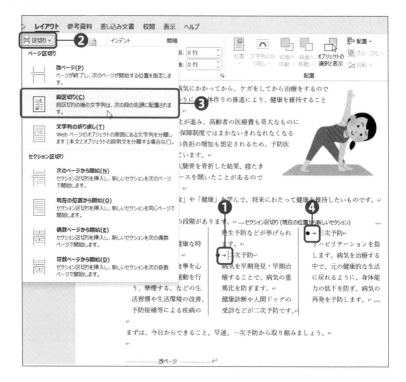

4 結果を確認します。

❶選択した範囲に段組みが設定され、前後にセクション区切りが、段と段の間には段区切りが挿入
されています。

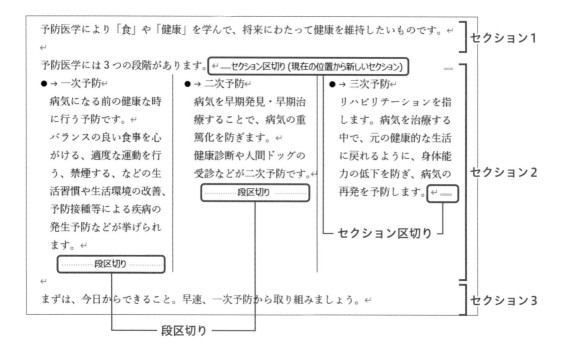

Column　4段以上の段

　[段組み] ダイアログボックスでは、[段数] を指定すると4段以上の段組みも設定できます。また、[1段目を狭く] したり、設定対象を [文書全体] に変更したりできます。

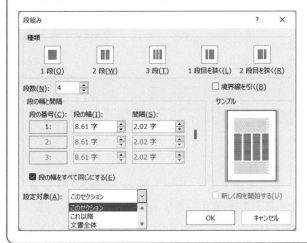

StepUp

段組みを解除するには、範囲を選択して [1段] にします。ただし、セクション区切りと段区切りは残りますので、改ページの削除と同じ操作で削除します。

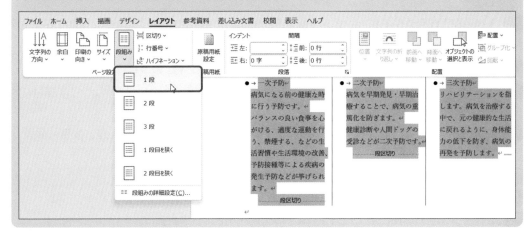

第 2 章

練 習 問 題

サンプル 第2章_練習問題.docx

解答 別冊2ページ

➕ 準備 　編集記号を表示しておきましょう。また、ステータスバーに行とセクションを表示しておきましょう。（**参照先** Lesson05、2-3「準備」）

---

1 1ページの最終行（17行目）に、次ページから始まるセクション区切りを挿入しましょう。

2 2ページ目（2セクション）の印刷の向きを「縦」へ変更しましょう。

3 1ページ1行目のタイトルの末尾に「🏓」（Segoe UI Symbolの文字コード「1F3D3」）を挿入しましょう。

4 1ページ目の表内「西区ご当地はつらつ体操」の後ろに「™」（商標）を挿入しましょう。

5 1ページ15行目「2023　GIHYO　スポーツ部」の前に「©」（コピーライト）を挿入しましょう。

6 1ページ1行目のタイトルに文字の効果「塗りつぶし：白；輪郭：青、アクセントカラー5；影」を設定しましょう。

7 1ページ1行目の書式を、2ページ2行目の「定期教室申込書」にコピーしましょう。

8 置換機能を使用して、1ページ目の表内の3列目の2行目以降の「月曜日」～「土曜日」を「月」～「金」にしましょう。

9 置換機能を使用して、文章内の「ジュニア」の文字列を、フォントの色：緑、太字に置換しましょう。

10 2ページ6行目の文字列のすべての書式をクリアしましょう。

11 2ページ5～6行目の2行に、2文字分の左インデントを設定しましょう。

12 2ページ8～19行目（表の段落すべて）の行間を1.5にしましょう。

Chapter

3

表やリストの管理

3-1 表を作成する

3-1-1

行や列を指定して表を作成する

表を作成するとデータの視認性が良くなり、読みやすい文書になります。

表を1から作成するときは、行数と列数を指定します。幅を指定することもできますが、指定しない場合、すべての列幅が同じサイズで行の幅いっぱいに作成されます。

表の1つのマス目をセルといいます。

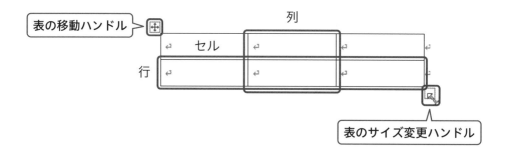

Lesson 35

サンプル Lesson35.docx

「♣入園料金」の下の行（「※未就学児は無料です。」の左端）に4行4列の表を作成しましょう。作成した表に、次のように文字を入力し、2列目～4列目を中央揃えしましょう。

↵	通常料金↵	トップシーズン↵	年間パスポート↵
中学生以下↵	500 円↵	600 円↵	5,000 円↵
高校生以上↵	800 円↵	1,000 円↵	8,000 円↵
60 歳以上↵	600 円↵	800 円↵	6,000 円↵

1 表を挿入します。

❶「♣入園料金」の下の行（「※未就学児は無料です。」の左端）にカーソルを移動します。

❷［挿入］タブをクリックします。

❸［表］グループの［表の追加］（表）をクリックします。

❹［表の挿入］のマス目を4行4列になるようにポイントし、クリックします。

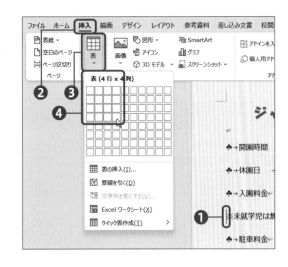

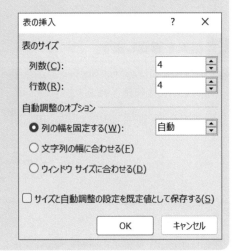

▶ 別の方法

［表の挿入］をクリックし、［列数］を「4」、［行数］を「4」と入力して［OK］ボタンをクリックします。この方法はマス目の数（8行×10列）より大きい表を作る場合や、入力する文字列に合わせて自動的に幅が拡大される表を作成する場合に便利です。

2 次のように文字列を入力します。

↵	通常料金↵	トップシーズン↵	年間パスポート↵
中学生以下↵	500 円↵	600 円↵	5,000 円↵
高校生以上↵	800 円↵	1,000 円↵	8,000 円↵
60 歳以上↵	600 円↵	800 円↵	6,000 円↵

👆 Point

表の中でカーソルを移動するには、 Tab キーか上下左右の方向キーを使用します。誤って Enter キーを押すと改行されて枠が下に拡大されますので、 Backspace キーを押して戻します。
Tab キーを押すとカーソルが次（右）のセルへ移動します。

3 2列目〜4列目を中央揃えにします。

❶ 2列目の上をポイント
し、マウスポインターが
⬇の形状で4列目までド
ラッグします。
❷ [ホーム] タブをクリッ
クします。
❸ [段落] グループの [中央
揃え] をクリックしま
す。

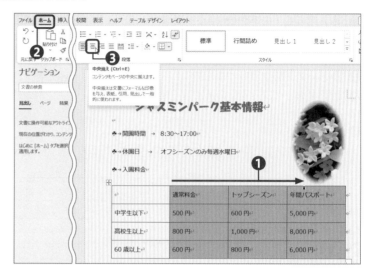

4 結果を確認します。

❶ 2列目〜4列目の文字列がセ
ル内で中央に配置されます。

	通常料金	トップシーズン	年間パスポート
中学生以下	500 円	600 円	5,000 円
高校生以上	800 円	1,000 円	8,000 円
60 歳以上	600 円	800 円	6,000 円

▶ StepUp

作成した表は、不要になった行や列を削除したり、不足している行や列を追加したりできます。
削除するには、削除する列/行にカーソルを移動し、[レイアウト] タブの [行と列] グループの [削
除] をクリックし、[列の削除] や [行の削除] をクリックします。
挿入するには、挿入する列/行にカーソルを移動し、[行と列] グループの [上に行を挿入] や [右に列
を挿入] をクリックします。

行の左端や列のすぐ上にマウスポインターを移動したときに表示される⊕マークをクリックして挿
入することもできます。

	販売イベント	飲食イベント
5月10日（全館休館とします）	10:00～20:00	10:00～20:00
5月11日	10:00～13:00	8:00～10:00
5月12日	10:00～13:00	8:00～10:00
5月13日	16:00～21:00	15:00～21:00
5月14日	10:00～18:00	10:00～18:00

3-1-2

文字列を表に変換する

カンマやタブで区切られた文字列を、後から表に変換できます。

Lesson 36

サンプル Lesson36.docx

「♣駐車料金」の下の3行の文字列を使用して、表に変換しましょう。この文字列はタブで区切られています。

♣→駐車料金			
→	普通車	二輪車	バス（団体）
1日 →	500円	200円	1,000円
年間パスポート所有→300円	→	100円	500円

➡

♣→駐車料金			
	普通車	二輪車	バス（団体）
1日	500円	200円	1,000円
年間パスポート所有	300円	100円	500円

1 文字列を表に変換します。

❶ 12～14行目を選択します。
❷ [挿入] タブをクリックします。
❸ [表] グループの [表の追加]（表）をクリックします。
❹ [文字列を表にする] をクリックします。

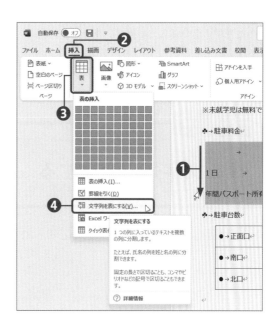

❺ [文字列の区切り] を [タブ] にします。
❻ [OK] ボタンをクリックします。

2 結果を確認します。

❶ 行と列を自動的に認識して3行4列の表が挿入されます。

♣→駐車料金			
	普通車	二輪車	バス（団体）
1日	500 円	200 円	1,000 円
年間パスポート所有	300 円	100 円	500 円

> **StepUp**
>
> [文字列を表にする] ダイアログボックスの [自動調整のオプション] を [文字列の幅に合わせる] にすると、次のように、列内で一番長い文字列に合わせた幅の表が挿入されます。
>
> | | 普通車 | 二輪車 | バス（団体） |
> | --- | --- | --- | --- |
> | 1日 | 500 円 | 200 円 | 1,000 円 |
> | 年間パスポート所有 | 300 円 | 100 円 | 500 円 |

3-1-3

表を文字列に変換する

表を解除して、カンマやタブで区切られた文字列に変換できます。

Lesson 37

サンプル Lesson37.docx

「♣駐車台数」の下の表を解除して、タブ区切りの文字列にしましょう。

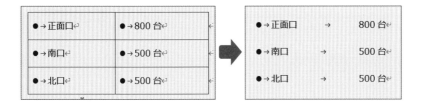

1 表を解除します。

❶ 表内にカーソルを移動します。
❷ (右端の)[レイアウト]タブをクリックします。
❸ [データ]グループの[表の解除]をクリックします。

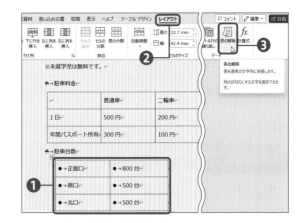

Point

[レイアウト]タブは2つあります。表のレイアウトを変更する場合は、右端の[レイアウト]タブを使用します。

---

❹ [文字列の区切り]を[タブ]にします。
❺ [OK]ボタンをクリックします。

2 結果を確認します。

❶ 表がタブ区切りの文字列に変換されます。

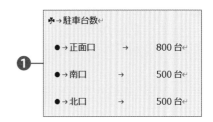

3-2 表を変更する

3-2-1

表のデータを並べ替える

　表のデータを昇順（小さい順）、降順（大きい順）に並べ替えることができます。並べ替えの基準は次のとおりです。

	昇順	降順
数値	小さい→大きい	大きい→小さい
文字列	あいうえお順 ABC順	昇順の逆
日付	古い→新しい	新しい→古い

Lesson 38

サンプル Lesson38.docx

　表のデータを［受講率］の高い順に並べ替えましょう。［受講率］が同じ場合、［受講数］の多い順にします。

1 ［並べ替え］ダイアログボックスを表示します。

❶ カーソルを表内に移動します。
❷ ［レイアウト］タブをクリックします。
❸ ［データ］グループの［並べ替え］をクリックします。

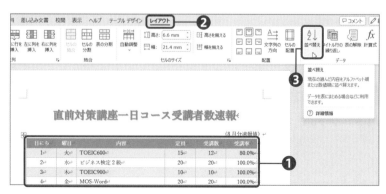

130

別の方法

[ホーム] タブの [段落] グループの [並べ替え] をクリックしても同じです。

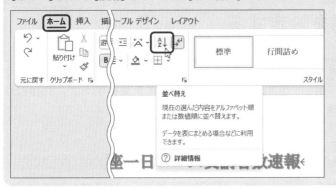

Point

並べ替えする際、カーソルを表内に置けば、範囲は自動的に認識されますので選択は不要です。

2 並べ替えの設定をします。

❶ [最優先されるキー] を [受講率] に設定します。

❷ [降順] をクリックします。

❸ [2 番目に優先される キー] を [受講数] に設定します。

❹ [降順] をクリックします。

❺ [OK] ボタンをクリックします。

3 結果を確認します。

❶ 表のデータが [受講率] の高い順に、[受講率] が同じ場合、[受講数] の多い順に並べ替わります。

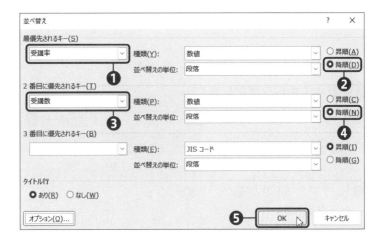

日にち	曜日	内容	定員	受講数	受講率
2	水	ビジネス検定 2 級	20	20	100.0%
4	金	MOS-Word	20	20	100.0%
6	日	FP 技能 2 級	20	20	100.0%
20	日	TOEIC800	15	15	100.0%
3	木	TOEIC900	10	10	100.0%
16	水	TOEIC900	10	10	100.0%
27	日	MOS-Excel	20	18	90.0%
23	水	応用情報試験	25	22	88.0%
18	金	基本情報試験	25	20	80.0%
11	金	簿記検定 3 級	20	16	80.0%

3-2-2

セルの余白と間隔を設定する

　表の中の文字列と罫線の間の「余白」を変更できます。「間隔」を変更すると、セルとセルの間に隙間を開けることができます。

Lesson 39

サンプル Lesson39.docx

セルの余白を上下左右すべて「1.5mm」に、間隔を「0.5mm」に設定しましょう。

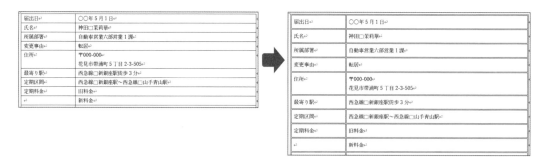

1 セルの余白を変更します。

❶カーソルを表内に移動するか、表の移動ハンドルをクリックして表全体を選択します。

❷［レイアウト］タブをクリックします。

❸［配置］グループの［セルの配置］をクリックします。

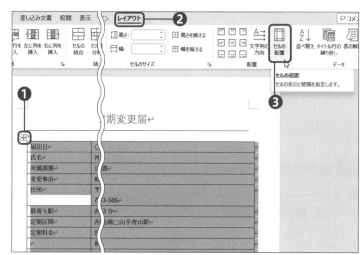

❹[既定のセルの余白]を上下左右すべて「1.5mm」にします。

❺[セルの間隔を指定する]にチェックを入れ、「0.5mm」にします。

❻[OK]ボタンをクリックします。

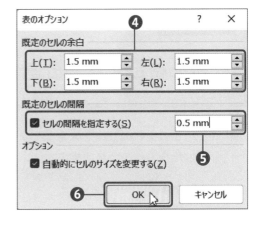

2 結果を確認します。

❶表内の文字列と罫線の余白と間隔が変更されます。

届出日←	○○年5月1日←
氏名←	神田□茉莉華←
所属部署←	自動車営業六部営業1課←
変更事由←	転居←
住所←	〒000-000← 花見市帯浦町5丁目2-3-505←
最寄り駅←	西急線□新銀座駅徒歩3分←
定期区間←	西急線□新銀座駅～西急線□山手青山駅←
定期料金←	旧料金←
←	新料金←

セルを結合する、分割する

作成した表の複数のセルを大きな1つのセルにまとめたり、逆に1つのセルを複数のセルに分割したりすることができます。

Lesson 40

サンプル Lesson40.docx

表内の1列目の「定期料金」と下の空白セルを結合しましょう。次に2列目の「旧料金」「新料金」の2つのセルをそれぞれ2列に分割しましょう。「旧料金」の下のセルに「17,200円」、「新料金」の下のセルに「12,300円」と入力します。

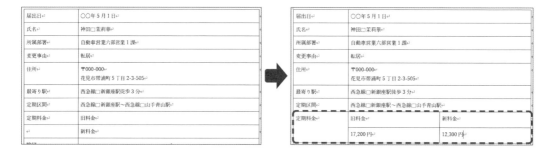

1 セルを結合します。

❶ 1列目の「定期料金」と下の空白セルを選択します。

❷ [レイアウト] タブをクリックします。

❸ [結合] グループの [セルの結合] をクリックします。

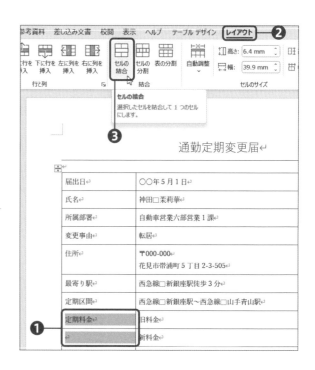

2 セルを分割します。

❶ 2列目の「旧料金」「新料金」の2つのセルを選択します。

❷ [結合] グループの [セルの分割] をクリックします。

❸ [列数] を「2」にします。

❹ [OK] ボタンをクリックします。

3 結果を確認し、データを入力します。

❶ セルの結合と分割ができます。

❷「旧料金」の下のセルに「17,200円」と入力します。

❸「新料金」の下のセルに「12,300円」と入力します。

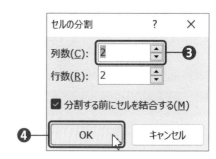

学習日チェック

月	日	
月	日	
月	日	

表、行、列のサイズを調整する

　作成した表は、内容に応じて列幅や行の高さを変更できます。表全体を拡大/縮小することもできます。

Lesson 41

サンプル Lesson41.docx

　表の体裁を次のように変更しましょう。

- ・1列目：自動調整
- ・3列目：40mm
- ・2列目と3列目の幅を揃える
- ・すべての行の高さ：10mm
- ・表内の文字列を上下中央揃え

↩	販売テナント↩	飲食テナント↩
5月9日↩	21:00 以降↩	21:00 以降↩
5月10日（全館休館としま　す）↩	10:00～20:00↩	10:00～20:00↩
5月11日↩	10:00～13:00↩	8:00～10:00↩
5月12日↩	10:00～13:00↩	8:00～10:00↩
5月13日↩	16:00～21:00↩	15:00～21:00↩
5月14日↩	10:00～18:00↩	10:00～18:00↩

→

↩	販売テナント↩	飲食テナント↩
5月10日（全館休館とします）↩	10:00～20:00↩	10:00～20:00↩
5月11日↩	10:00～13:00↩	8:00～10:00↩
5月12日↩	10:00～13:00↩	8:00～10:00↩
5月13日↩	16:00～21:00↩	15:00～21:00↩
5月14日↩	10:00～18:00↩	10:00～18:00↩

1　1列目の列幅を自動調整します。

❶ カーソルを1列目と2列目の境界に置き、⊞の形状でダブルクリックします。

↩	❶━▐販売テナント↩	飲食テナント↩
5月9日↩	21:00 以降↩	21:00 以降↩
5月10日（全館休館としま　す）↩	10:00～20:00↩	10:00～20:00↩
5月11日↩	10:00～13:00↩	8:00～10:00↩
5月12日↩	10:00～13:00↩	8:00～10:00↩
5月13日↩	16:00～21:00↩	15:00～21:00↩
5月14日↩	10:00～18:00↩	10:00～18:00↩

Point

列幅の自動調整を行うと、その列内の最長の文字列の幅に合わせて広がったり、逆に狭くなったりします。自動調整は目的の列の右側の縦線で行います。複数列を選択して自動調整することもできます。

２ 3列目の列幅を変更します。

❶ カーソルを3列目に移動
します。
❷ ［レイアウト］タブをク
リックします。
❸ ［セルのサイズ］グループ
の ［列の幅の設定］を「40」
にします。

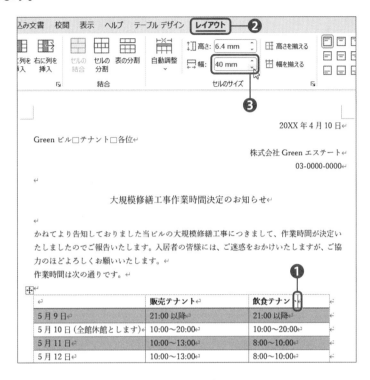

３ 2列目と3列目の列幅を揃えます。

❶ 2列目の上部にマウスポ
インターを置き、⬇の形
状で3列目までドラッグ
します。
❷ ［セルのサイズ］グループ
の ［幅 を 揃 え る］をク
リックします。

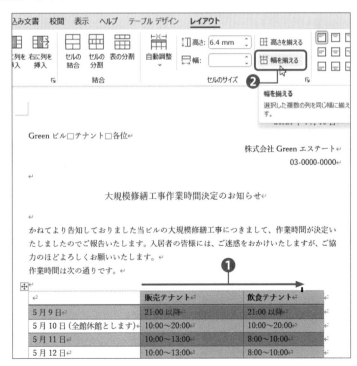

４ 行の高さを変更します。

❶ 表の移動ハンドルをクリック
し、表全体を選択します。
❷ ［セルのサイズ］グループの ［行の
高さの設定］（高さ）を「10mm」
にします。

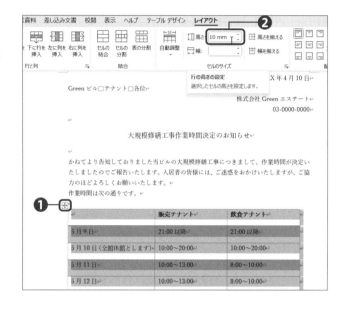

５ 文字列の配置を変更します。

❶ 表の移動ハンドルをクリック
し、表全体を選択します。
❷ ［配置］グループの ［中央揃え
（左）］をクリックします。

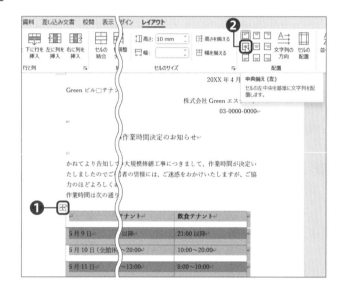

６ 結果を確認します。

❶ 列幅と行の高さが変わり、文字
は上下中央に配置されます。

	販売テナント	飲食テナント
5 月 10 日（全館休館とします）	10:00〜20:00	10:00〜20:00
5 月 11 日	10:00〜13:00	8:00〜10:00
5 月 12 日	10:00〜13:00	8:00〜10:00
5 月 13 日	16:00〜21:00	15:00〜21:00
5 月 14 日	10:00〜18:00	10:00〜18:00

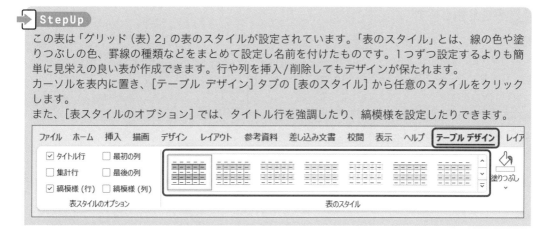

> **StepUp**
>
> この表は「グリッド（表）2」の表のスタイルが設定されています。「表のスタイル」とは、線の色や塗りつぶしの色、罫線の種類などをまとめて設定し名前を付けたものです。1つずつ設定するよりも簡単に見栄えの良い表が作成できます。行や列を挿入/削除してもデザインが保たれます。
> カーソルを表内に置き、［テーブル デザイン］タブの［表のスタイル］から任意のスタイルをクリックします。
> また、［表スタイルのオプション］では、タイトル行を強調したり、縞模様を設定したりできます。

3-2-5

表を分割する

学習日チェック

月	日
月	日
月	日

表が大きくなったとき、区切りのよい行で表を分割できます。

Lesson 42

サンプル Lesson42.docx

表の項目「21位以下」から別の表になるように分割しましょう。

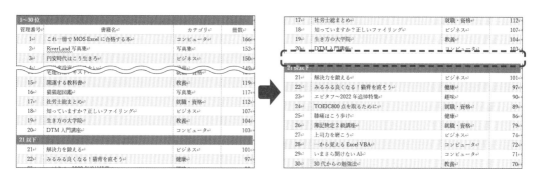

1 表を分割します。

❶ カーソルを「21位以下」の行に移動します。

❷ [レイアウト] タブをクリックします。

❸ [結合] グループの [表の分割] をクリックします。

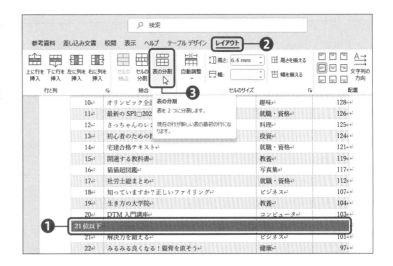

2 結果を確認します。

❶ 「21位以下」の行から新しい表に分割されます。

15	開運する教科書	教養	119
16	猫猫超図鑑	写真集	117
17	社労士総まとめ	就職・資格	112
18	知っていますか？正しいファイリング	ビジネス	107
19	生き方の大学院	教養	104
20	DTM 入門講座	コンピュータ	103

21 位以下			
21	解決力を鍛える	ビジネス	101
22	みるみる良くなる！猫背を直そう	健康	97
23	エピタフ～2022 年追悼特集	趣味	90
24	TOEIC800 点を取るために	就職・資格	89
25	膝痛はこう歩け	健康	86
26	簿記検定 2 級講座	就職・資格	79
27	上司力を磨こう	ビジネス	74
28	一から覚える Excel・VBA	コンピュータ	72
29	いまさら聞けない AI	コンピュータ	71
30	30 代からの勉強法	教養	70

3-2-6

タイトル行の繰り返しを設定する

　大きな表の場合、複数ページにまたがることがあります。そのまま印刷すると2ページ目の表には項目名がなく、内容がわかりにくくなるため、表のタイトル行を繰り返して表示することができます。

Lesson 43

サンプル Lesson43.docx

　表のタイトル行の繰り返しを設定しましょう。この表は2ページにまたがって表示されています。

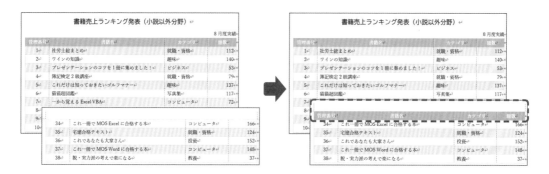

1 タイトル行の繰り返しを設定します。

❶ カーソルを表の1行目に移動します。

❷ [レイアウト] タブをクリックします。

❸ [データ] グループの [タイトル行の繰り返し] をクリックします。

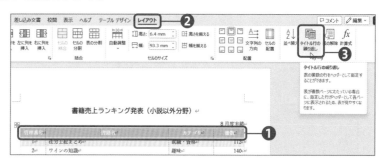

2 結果を確認します。

❶ 2ページ目の表にも、タイトル行が表示されます。

管理番号	書籍名	カテゴリ	冊数
34	これ一冊で MOS-Excel に合格する本	コンピュータ	166
35	宅建合格テキスト	就職・資格	124
36	これであなたも大家さん	投資	152
37	これ一冊で MOS-Word に合格する本	コンピュータ	148

3-3 リストを作成する、変更する

3-3-1
段落を書式設定して段落番号付きのリストや箇条書きリストにする

　文書中の箇条書きが読みやすいように「●」や「◆」などの行頭文字を設定できます。内容に順序がある場合は、行頭文字の代わりに「1.　2.　3.……」のような段落番号を設定することもできます。行頭文字を設定した箇条書きや段落番号を設定した段落のことをまとめて「リスト」と言います。

Lesson 44

サンプル Lesson44.docx

　2行目〜7行目に「1.」から始まる連番を設定しましょう。次に16行目の「回収方法・場所と目的」と23行目「詳細についての〜」に「●」の行頭文字の箇条書きを設定しましょう。

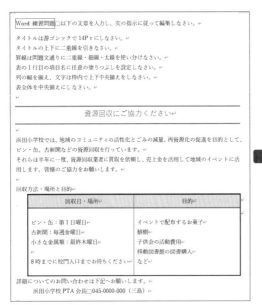
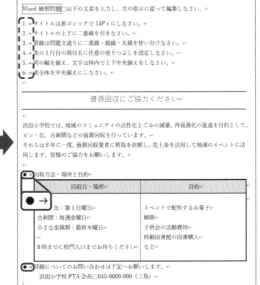

1 段落番号を設定します。

❶ 2行目～7行目を選択します。

❷ [ホーム] タブをクリックします。

❸ [段落] グループの [段落番号] をクリックします。

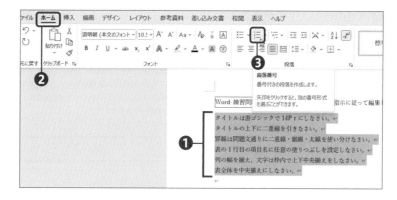

2 箇条書きを設定します。

❶ 16行目を選択します。

❷ Ctrl キーを押しながら23行目を選択します。

❸ [段落] グループの [箇条書き] をクリックします。

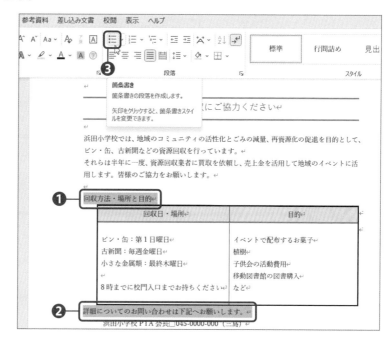

3 結果を確認します。

❶ 既定の行頭文字の箇条書き
と段落番号が設定されま
す。

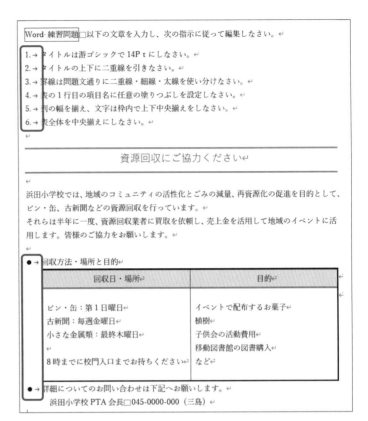

> **StepUp**
> 行頭文字も段落番号も、再度
> 同じボタンをクリックすると
> 解除できます。

3-3-2

行頭文字や番号書式を変更する

一度設定した箇条書きや段落番号を変更できます。

2～7行目の「1.」から始まる連番を「①、②、③……」へ変更しましょう。次に16行目の「回収方法・場所と目的」と23行目「詳細についての～」の「●」の行頭文字を「◆」に変更しましょう。

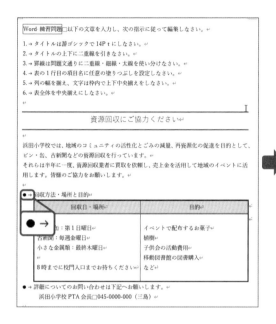

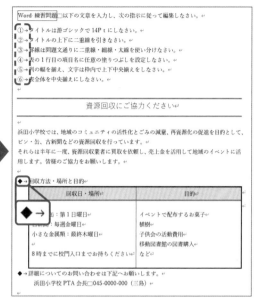

1 段落番号を変更します。

❶ 2～7行目を選択するか、2行目の「1.」をクリックします。

❷ [ホーム] タブをクリックします。

❸ [段落] グループの [段落番号] の ▽ をクリックします。

❹「①、②、③……」をクリックします。

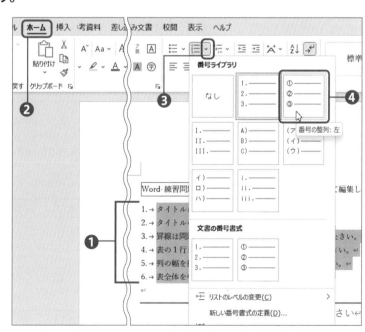

② 行頭文字を変更します。

❶ 16行目を選択します。

❷ Ctrl キーを押しながら
   23行目を選択します。

❸ [段落] グループの [箇
   条書き] の ☑ をクリッ
   クします。

❹ [◆] をクリックしま
   す。

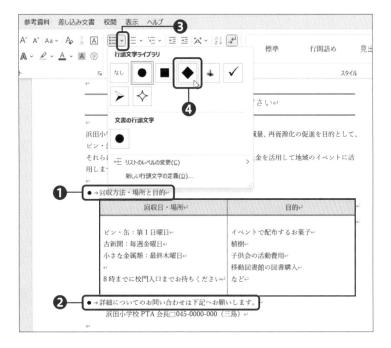

③ 結果を確認します。

❶ 箇条書きの行頭文字と
   段落番号が変更されま
   す。

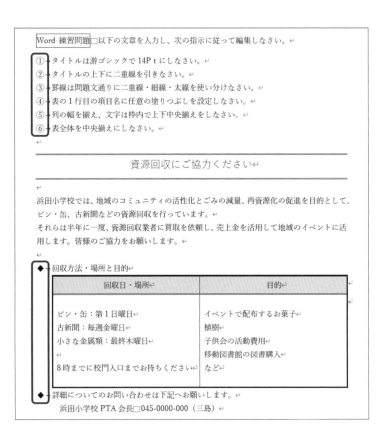

新しい行頭文字や番号書式を定義する

「●」や「◆」などの行頭文字以外に、記号や画像を行頭文字に指定できます。同様に、段落番号も「第1回、第2回……」のように任意の番号を設定できます。

3

表やリストの管理

Lesson 46

サンプル ▶ Lesson46.docx

3行目、6行目、9行目の「1.、2.、3.……」を「一次、二次、三次……」になるように、段落番号を変更しましょう。次に、4行目、7行目、10行目の「例：」の行に、Wingdingsの「✓」（文字コード「00FC」）を行頭文字として箇条書きを設定しましょう。

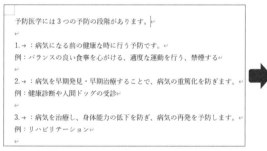 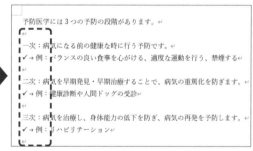

▌1 ▌ 段落番号を変更します。

❶ 3行目の「1.」をクリックします。
❷ [ホーム]タブをクリックします。
❸ [段落]グループの[段落番号]の ☑ をクリックします。
❹ [新しい番号書式の定義]をクリックします。

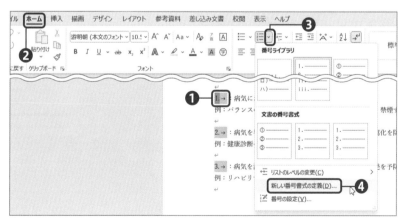

❺ [番号の種類] を「一, 二, 三 …」にします。

❻ [番号書式] の「一」の後ろの「.」を削除し、「次」を
入力します。

❼ [OK] ボタンをクリックします。

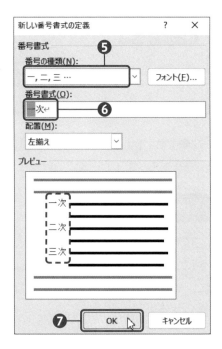

Point

[番号書式] に表示された「一」は削除してはいけません。
その数字を残して追加する文字を入力します。自分で
「一次」と入力してしまうと、連番にならずに、すべての
項目が「一次」になります。

また、「第1回、第2回」や「1期、2期」も同様の操作で
作成できます。プレビューで確認しましょう。

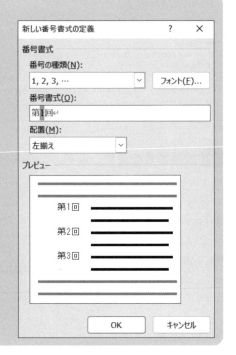

2 行頭文字に記号を設定します。

❶ 4行目を選択します。
❷ Ctrl キーを押しながら、7行目と10行目をそれぞれ選択します。
❸ [段落] グループの [箇条書き] の ✓ をクリックします。
❹ [新しい行頭文字の定義] をクリックします。

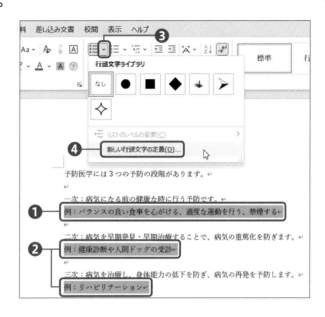

❺ [記号] をクリックします。

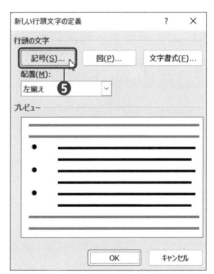

❻ [フォント] を [Wingdings] にします。
❼ 「✓」をクリックします。または [文字コード] に「00FC」と入力します。
❽ [OK] ボタンをクリックします。

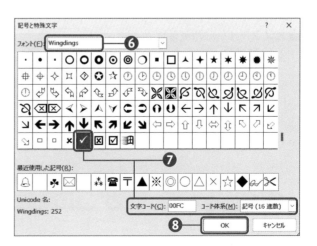

❾ [OK] ボタンをクリックします。

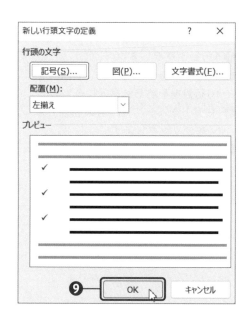

▶ **StepUp**
[新しい行頭文字の定義] で [図] をクリックすると、イラストや写真を行頭文字に設定することができます。

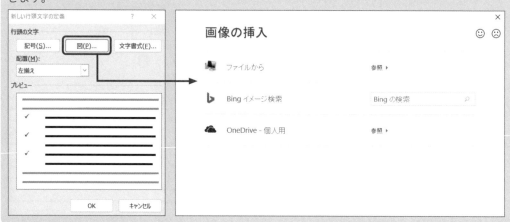

3 結果を確認します。

❶ カスタマイズした箇条書きと段落番号が表示されます。

予防医学には３つの予防の段階があります。↵

一次：病気になる前の健康な時に行う予防です。↵
✓→ 例：バランスの良い食事を心がける、適度な運動を行う、禁煙する↵
↵

二次：病気を早期発見・早期治療することで、病気の重篤化を防ぎます。↵
✓→ 例：健康診断や人間ドッグの受診↵
↵

三次：病気を治療し、身体能力の低下を防ぎ、病気の再発を予防します。↵
✓→ 例：リハビリテーション↵

リストのレベルを変更する

行頭文字と段落番号のレベルは1～9段階まであり、階層構造で表示することができます。「第1章」の中に「第1節」「第2節」があるような場合、レベルを変更することで階層が明確になり、わかりやすい文章になります。

Lesson 47

サンプル Lesson47.docx

12行目～17行目のリストのレベルを1つ下げましょう。

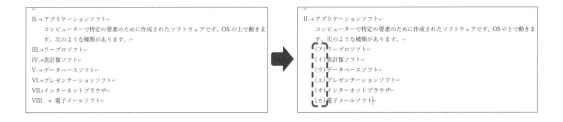

1 リストのレベルを下げます。

❶12～17行目を選択します。

❷ Tab キーを押します。

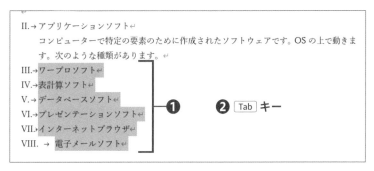

2 結果を確認します。

❶レベルが1つ下がり、段落番号も変更されます。

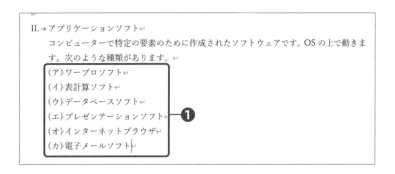

別の方法

範囲選択後、[ホーム] タブの [段落] グループの [段落番号] の ☑ をクリックし、[リストのレベルの変更] から [レベル2] をクリックしても同様にレベルの変更ができます。

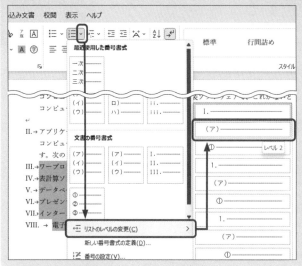

StepUp

段落番号と同様に、箇条書きの行頭番号もレベルの変更ができます。

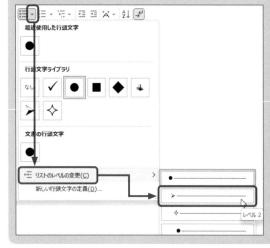

リストの番号を振り直す、自動的に振る

　段落番号は、行を挿入したり、行を入れ替えたりすると、自動的に番号が振り直されます。

Lesson 48

サンプル Lesson48.docx

　「4.お着替え」の次の行に、連番になるように「5. レッスン受講」を挿入しましょう。次に「初回受講日を決定」と「レベルと時間を決定」を入れ替えましょう。

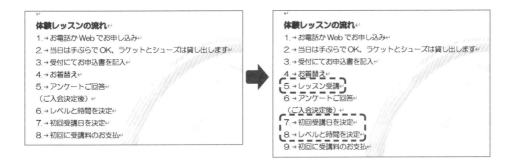

1 リストの途中に行を挿入します。

❶「4.お着替え」の行の最後にカーソルを移動します。

❷ Enter キーを押すと「5.」が表示されます。

❸「レッスン受講」と入力します。

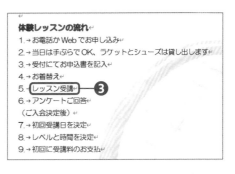

2 リストの順番を入れ替えます。

❶「8.初回受講日を決定」の行を ⏎ を含めて選択します。

❷ Ctrl キーを押しながら X を押して切り取ります。

体験レッスンの流れ⏎
1. → お電話か Web でお申し込み⏎
2. → 当日は手ぶらで OK、ラケットとシューズは貸し出します⏎
3. → 受付にてお申込書を記入⏎
4. → お着替え⏎
5. → レッスン受講⏎
6. → アンケートご回答⏎
（ご入会決定後）⏎
7. → レベルと時間を決定⏎
8. → 初回受講日を決定⏎ ❶、❷
9. → 初回に受講料のお支払⏎

❸「7.レベルと時間を決定」の行の左端にカーソルを移動します。

❹ Ctrl キーを押しながら V を押して貼り付けます。

体験レッスンの流れ⏎
1. → お電話か Web でお申し込み⏎
2. → 当日は手ぶらで OK、ラケットとシューズは貸し出します⏎
3. → 受付にてお申込書を記入⏎
4. → お着替え⏎
5. → レッスン受講⏎
6. → アンケートご回答⏎
（ご入会決定後）⏎ ❸、❹
7. → レベルと時間を決定⏎
8. → 初回に受講料のお支払⏎

3 結果を確認します。

❶ 行を挿入すると連番が挿入され、番号が次に送られます。

❷ リストの順序を入れ替えると、段落番号も振り直されます。

体験レッスンの流れ⏎
1. → お電話か Web でお申し込み⏎
2. → 当日は手ぶらで OK、ラケットとシューズは貸し出します⏎
3. → 受付にてお申込書を記入⏎
4. → お着替え⏎ ❶、❷
5. → レッスン受講⏎
6. → アンケートご回答⏎
（ご入会決定後）⏎
7. → 初回受講日を決定⏎
8. → レベルと時間を決定⏎
9. → 初回に受講料のお支払⏎

3-3-6

開始する番号の値を設定する

学習日チェック

月　日 ☑
月　日 ☑
月　日 ☑

段落番号は自動的に1からの連番が振られますが、1ではなく任意の番号から開始できます。例えば少し前のリストからの連番を取りたいときなどに使用します。

Lesson 49

サンプル Lesson49.docx

5行目以降の段落番号が6から始まるように変更しましょう。

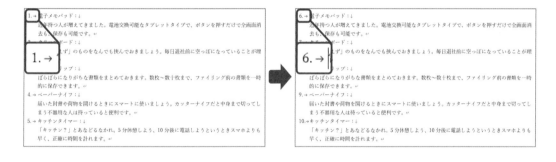

1 段落番号の開始番号を変更します。

❶「1.」で右クリックします。

❷[番号の設定]をクリックします。

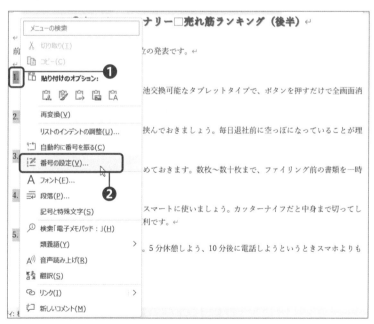

❸ [開始番号] を「6」に設定します。
❹ [OK] ボタンをクリックします。

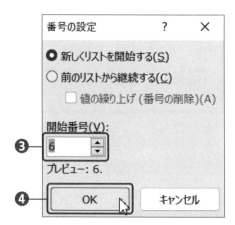

▶ 別の方法

[番号の設定] ダイアログボックスは、次の方法でも表示できます。
カーソルを5行目の先頭に移動し、[ホーム] タブの [段落] グループの [段落番号] の ☑ から [番号の設定] をクリックします。

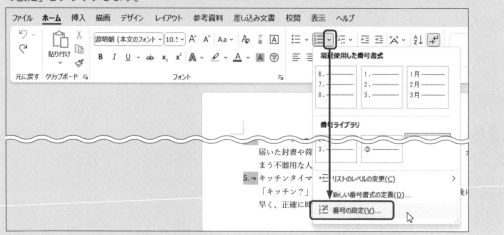

２ 結果を確認します。

❶ 段落番号が6からの
連番に変更されます。

6.→	電子メモパッド：↓ 近年持つ人が増えてきました。電池交換可能なタブレットタイプで、ボタンを押すだけで全画面消去も、保存も可能です。↵
7.→	クリップボード：↓ 「とりあえず」のものをなんでも挟んでおきましょう。毎日退社前に空っぽになっていることが理想です。↵
8.→	ダブルクリップ：↓ ばらばらになりがちな書類をまとめておきます。数枚～数十枚まで、ファイリング前の書類を一時的に保存できます。↵
9.→	ペーパーナイフ：↓ 届いた封書や荷物を開けるときにスマートに使いましょう。カッターナイフだと中身まで切ってしまう不器用な人は持っていると便利です。↵
10.→	キッチンタイマー：↓ 「キッチン？」とあなどるなかれ。5分休憩しよう、10分後に電話しようというときスマホよりも早く、正確に時間を計れます。↵

自動的に振られた連番を中断し、1から開始するには、1にし
たい番号で右クリックし、[1から再開]をクリックします。

また、1から開始された番号を連番にするには、連番にしたい
番号で右クリックし、[自動的に番号を振る]をクリックしま
す。

3

表やリストの管理

練習問題

サンプル 第3章_練習問題.docx

解答 別冊4ページ

1 4行目（「開始時間～」）～12行目（「14:10～」）の文字列を表に変換しましょう。

2 **1** で作成した表の列幅を次のとおり設定しましょう。

・1～2列目：25mm

・3列目：54mm

・4列目：45mm

3 **1** で作成した表のスタイルを「グリッド（表）4-アクセント6」に設定しましょう。［最初の列］の強調をなしにします。

4 **1** で作成した表の余白の上と下を1mmに設定しましょう。

5 **1** で作成した表の1行目と1～2列目の文字列を左右中央に設定しましょう。

6 2つ目の表の1～2列目の幅を揃えましょう。

7 2つ目の表の3列目の3～4行目（「招待劇団演劇」とその下のセル）の2つのセルを結合しましょう。

8 2つ目の表の4列目の2行目のセルを2行に分割しましょう。分割した下のセルに「クイズ大会」と入力しましょう。

9 23行目の「会場内でのご注意全般」と31行目「出演者の皆様へのご注意」の行頭文字を、［3章練習問題］フォルダーの［clover］に変更しましょう。

10 28行目（「ご家族・お知り合いの方に限り～」）の箇条書きのレベルを1つ下げましょう。

11 32行目（「楽屋は～」）～34行目（「ゴミは～」）の段落番号を、1から始まるように変更しましょう。

Chapter

4

参考資料の作成と管理

4-1 脚注と文末脚注を作成する、管理する

4-1-1

脚注や文末脚注を挿入する

「脚注」とは、本文の下に記された文章のことで、用語の説明や補足の解説などに利用されます。Wordの脚注には、ページごとに表示する「脚注」と、文書の最後にまとめて表示する「文末脚注」があります。

脚注を挿入すると、文書中には「脚注記号」が挿入されます。カーソルは自動的にページ下部 (文末脚注の場合は文末) の脚注領域に移動するので、「脚注内容」を入力します。

Lesson 50

サンプル Lesson50.docx

15行目の「11.53杯。(2020年)」の後ろに、「『コーヒーの需要動向に関する基本調査』」という脚注を挿入しましょう。

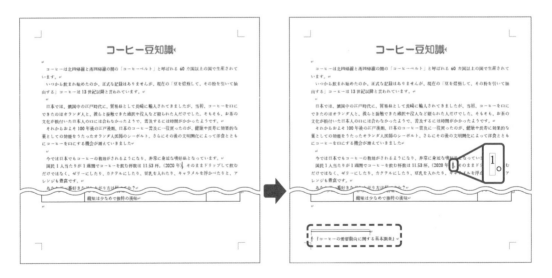

1 脚注を挿入します。

❶ カーソルを15行目の「11.53杯。(2020年)」の後ろに移動します。

❷ [参考資料] タブをクリックします。

❸ [脚注] グループの [脚注の挿入] をクリックします。

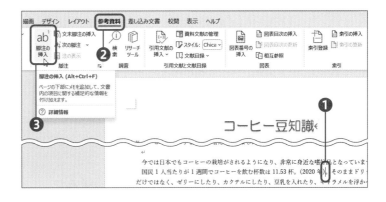

2 脚注内容を入力します。

❶ 脚注記号が挿入され、脚注領域にカーソルが移動します。

❷ 「『コーヒーの需要動向に関する基本調査』」と入力します。

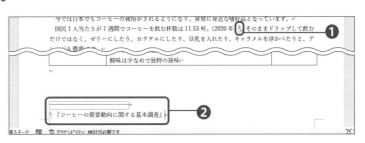

> **StepUp**

文書内の脚注記号をポイントすると、脚注内容が表示されます。

> 今では日本でもコーヒーの栽培がされるようになり、非常に身近な嗜好 『コーヒーの需要動向に関する基本調査』
> 国民1人当たりが1週間でコーヒーを飲む杯数は 11.53 杯。(2020 年) そのままドリップして飲む
> だけではなく、ゼリーにしたり、カクテルにしたり、豆乳を入れたり、キャラメルを浮かべたりと、ア
> レンジも豊富です。
> あなたが一番好きな召し上がり方は何ですか?

また、脚注領域の番号をダブルクリックすると、文書中の脚注記号へジャンプします。文書内の脚注記号を探すときに便利です。[参考資料] タブの [脚注] グループの [注の表示] をクリックしても同様です。

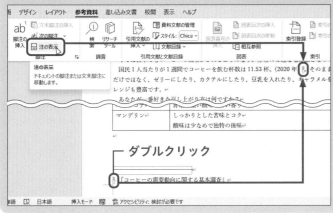

ダブルクリック

Lesson 51

サンプル Lesson51.docx

《必須アミノ酸》の表の「イソロイシン」の後ろに、「トレーニング後30分以内に摂取すると体力増進に効果的です。」という文末脚注を挿入しましょう。この文書には、すでに文末脚注が挿入済みです。

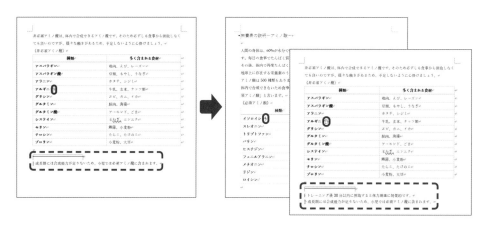

❶ カーソルを《必須アミノ酸》の表の「イソロイシン」の後ろに移動します。
❷ [参考資料] タブをクリックします。
❸ [脚注] グループの [文末脚注の挿入] をクリックします。

1 脚注内容を入力します。

❶脚注記号が挿入され、文末脚注
の領域にカーソルが移動するの
で、「トレーニング後30分以内
に摂取すると体力増進に効果的
です。」と入力します。

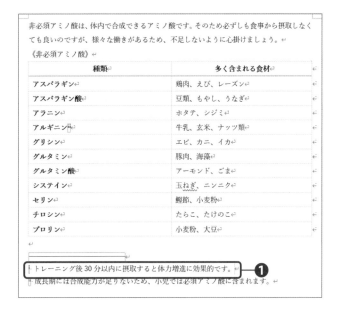

4

参考資料の作成と管理

StepUp

既に挿入されていた「アルギニン」の文末脚注よりも前に挿入されたので、「アルギニン」の番号が変
更されます。

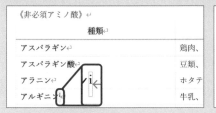

4-1-2

脚注と文末脚注のプロパティを変更する

学習日チェック

月　日
月　日
月　日

脚注記号は「1、2、3……」、文末脚注記号は「ⅰ、ⅱ、ⅲ……」が既定値（デフォルト）
ですが、「A、B、C……」や「①、②、③……」に変更したり、文末脚注を脚注へ変換した
り、逆に脚注を文末脚注へ変換したりすることができます。

　文末脚注を脚注へ変換しましょう。また、脚注記号を「A、B、C……」へ変更しましょう。

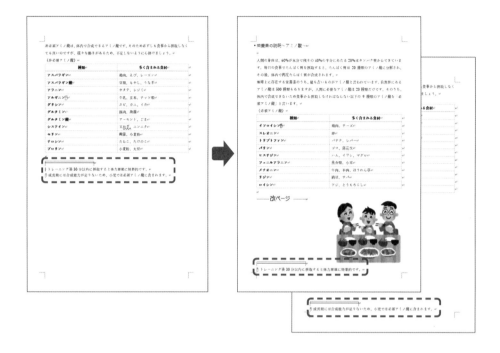

1 文末脚注を脚注へ変換します。

❶ [参考資料] タブをクリックします。カーソル位置はどこでも良いです。

❷ [脚注] グループのダイアログボックス起動ツール ⬊ (脚注と文末脚注) をクリックします。

❸ [脚注と文末脚注] ダイアログボックスの [変換] ボタンをクリックします。

> ▷ **別の方法**
>
> [脚注と文末脚注] ダイアログボックスは、脚注領域で右クリックし、[脚注と文末脚注のオプション] をクリックしても表示できます。

❹ [脚注の変更] ダイアログボックスの [文末脚注を脚注へ変更する] をクリックします。

❺ [OK] ボタンをクリックします。

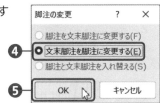

2 脚注記号を変更します。

❶ [脚注と文末脚注] ダイアログボックスの [脚注] をクリックします。

❷ [書式番号] を [A, B, C, …] へ変更します。

❸ [適用] ボタンをクリックします。

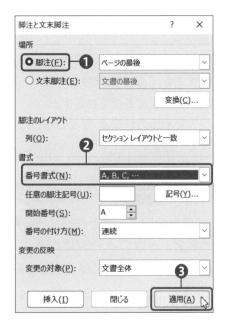

3 結果を確認します。

❶ 文末脚注が脚注へ変更されています。

❷ 脚注記号が「A」「B」へ変更されています。

4-2 目次を作成する、管理する

4-2-1

目次を挿入する

　文書の項目に見出しスタイルが設定されている場合、その見出しを抜き出して目次を作成できます。手入力で作成するときと異なり、もとの項目名やページ番号が変更になったときに更新できます。

　スタイルの詳細は『2-2-5 組み込みの文字スタイルや段落スタイルを適用する』を参照してください。

Lesson 53　　　　　　　　　サンプル Lesson53.docx

　「色彩の設計」の上の行に［自動作成の目次2］を作成しましょう。作成後、「色彩の設計」が次のページになるように改ページし、ページ番号だけ目次を更新しましょう。この文書には見出しが設定済みです。

1 目次を挿入します。

❶ カーソルを「色彩の設計」の上の行に移動します。

❷ [参考資料] タブをクリックします。

❸ [目次] グループの [目次] をクリックします。

❹ [自動作成の目次2] をクリックします。

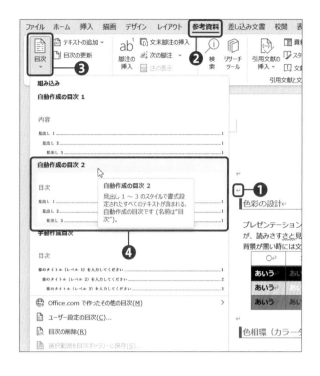

2 改ページします。

❶ 「色彩の設計」の前にカーソルを移動します。

❷ Ctrl キーを押しながら Enter キーを押します。

3 目次を更新します。

❶ [目次] グループの [目次の更新] をクリックします。

❷［ページ番号だけを更新する］をクリックします。
❸［OK］ボタンをクリックします。

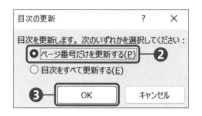

4 結果を確認します。

❶ ページ番号が更新されます。

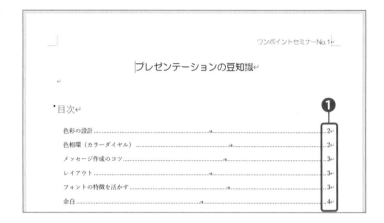

▶ 別の方法

目次は次のいずれかの方法でも更新できます。
・目次を右クリックして［フィールド更新］をクリックします。
・目次をクリックし、左上に表示される［目次の更新］をクリックします。

Point

作成された目次の任意の部分で Ctrl キーを押したままクリックすると、その項目にジャンプできます。

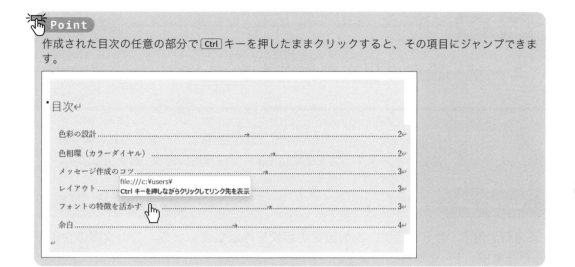

Column 目次の削除

　作成した目次を削除するには、［参考資料］タブの［目次］グループの［目次］をクリックし、［目次の削除］をクリックします。

ユーザー設定の目次を作成する

見出しのレベルを指定したり、タブリーダー（目次の項目とページ番号をつなぐ線）を指定したりして、目次をカスタマイズするには「ユーザー設定の目次」を使用します。

Lesson 54

サンプル Lesson54.docx

「今日の内容」の下の行に、次の設定の目次を作成しましょう。この文書のタイトルには見出し1、各項目には見出し2が設定済みです。

・ページ番号を右揃えで表示する

・タブリーダーは「-------」にする

・見出し2だけを目次に含める（見出し1は含めない）

1 ユーザー設定の目次を作成します。

❶「今日の内容」の下の行にカーソルを移動します。

❷ [参考資料] タブをクリックします。

❸ [目次] グループの [目次] をクリックします。

❹ [ユーザー設定の目次] をクリックします。

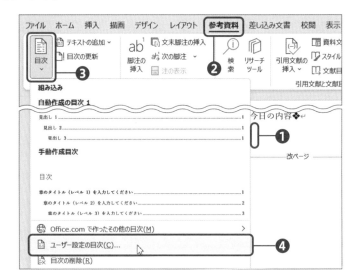

2 目次の番号とタブリーダーの設定をします。

❶ [目次] ダイアログボックスで
[ページ番号を表示する] に
チェックを入れます。
❷ [ページ番号を右揃えする] に
チェックを入れます。
❸ [タブリーダー] を「-------」
（上から3つ目）にします。
❹ [アウトラインレベル] を「2」
にします。

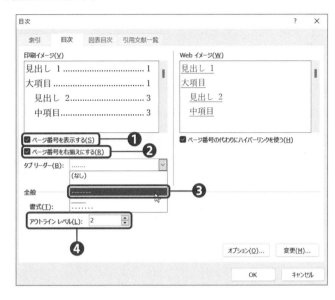

3 目次に表示する見出しを設定します。

❶ [オプション] ボタンをクリッ
クします。

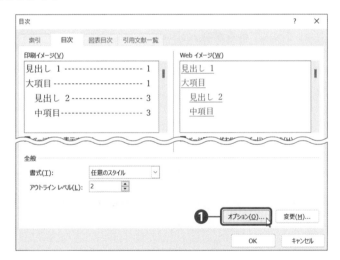

❷ [見出し1] の [目次レベル] の内容を削除しま
す。
❸ [OK] ボタンをクリックします。

❹［目次］ダイアログボックスに戻るので、［OK］ボタンをクリックします。

4 結果を確認します。

❶ タブリーダーが「------」でページ番号が右揃えで表示されています。

❷ 見出し1は含まれず、見出し2だけが目次に表示されています。

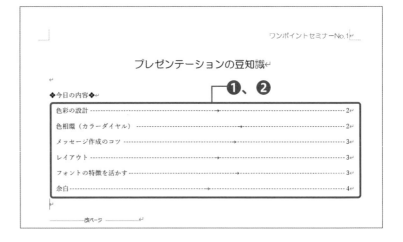

第4章
練習問題

サンプル 第4章_練習問題.docx
解答 別冊5ページ

1 見出し「フィッシング詐欺」の4行目「リンク先」の後ろに「Hyperlinkをクリックしてジャンプする先のことです。」という脚注を入力しましょう。

2 脚注を文末脚注へ変更しましょう。

3 脚注の記号を半角の「1，2，3，…」へ変更しましょう。

4 1ページ2行目（タイトルの次の行）にユーザー設定の目次を作成しましょう。書式は「モダン」、アウトラインレベルは「1」、ページ番号を表示しない設定にします。

Chapter

5

グラフィック要素の挿入と書式設定

5-1 図形やテキストボックスを挿入・編集する

5-1-1

図形を挿入する

　Wordには、丸や四角形、フローチャートなどのさまざまな図形が用意されており、マウスのドラッグだけで簡単に作成できます。

Lesson 55

サンプル Lesson55.docx

**　文末の左側に四角形を挿入しましょう。四角形は幅と高さを35mmにして、右側に2つコピーして、全部で3つにしましょう。**

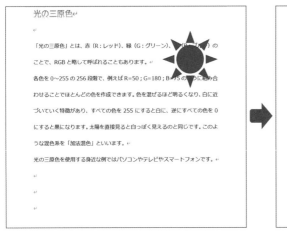 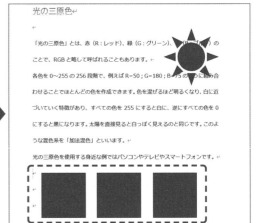

1 四角形を挿入します。

❶ [挿入] タブをクリックします。

❷ [図] グループの [図形の作成] (図形) をクリックします。

❸ [正方形/長方形] をクリックします。

176

❹文末の左側をドラッグして四角形を描きます。

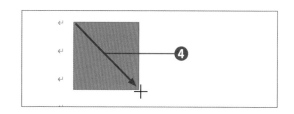

2 図形のサイズを変更します。

❶[図形の書式]タブをクリックします。
❷[サイズ]グループの[図形の高さ]を「35」にします。
❸[図形の幅]を「35」にします。

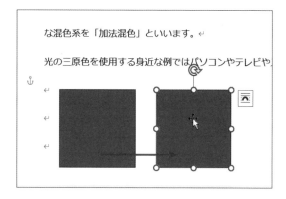

3 図形をコピーします。

❶図形をポイントし、マウスポインターが⛶の形状で、[Ctrl]キーを押したまま右にドラッグします。
❷同様にもう1つコピーします。

4 結果を確認します。

❶同じサイズの図形が3つ作成されます。

別の方法

図形も文字と同じように[Ctrl]キーを押しながら[C]キーを押してコピーし、[Ctrl]キーを押しながら[V]キーを押して貼り付けることができます。
すぐそばにコピーするなら[Ctrl]キーを押しながらドラッグ、離れた場所は[Ctrl]キーを押しながら[V]キーで貼り付けるのが便利です。

グラフィック要素の挿入と書式設定

5

Column **図形のハンドル**

　任意のサイズに変更する場合、図形の四隅と中央にある［サイズ変更ハンドル］をドラッグします。
［回転ハンドル］をドラッグすると、任意の角度に回転できます。

　また、図形によっては黄色の［調整ハンドル］があり、矢印の先端の大きさを調整したり、角丸四角形の角
の角度を調整したり、というように形状を変更することもできます。

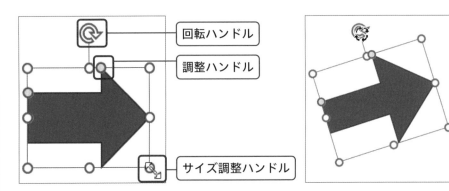

図が小さい場合には、ドラッグしやすくするために、下に［移動ハンドル］が表示されることがあります。

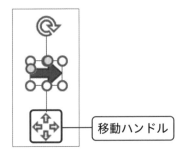

図形にテキストを追加する

線以外の図形にはテキスト（文字）を追加することができます。

Lesson 56

サンプル Lesson56.docx

文末の3つの四角形に、左からそれぞれ「赤（改行）R：レッド」、「緑（改行）G：グリーン」、「青（改行）B：ブルー」の文字を入力しましょう。

光の三原色

「光の三原色」とは、赤（R：レッド）、緑（G：グリーン）、（B：ブルー）のことで、RGBと略して呼ばれることもあります。

各色を0〜255の256段階で、例えばR=50；G=180；B=75のように組み合わせることでほとんどの色を作成できます。色を混ぜるほど明るくなり、白に近づいていく特徴があり、すべての色を255にすると白に、逆にすべての色を0にすると黒になります。太陽を直接見ると白っぽく見えるのと同じです。このような混色系を「加法混色」といいます。

光の三原色を使用する身近な例ではパソコンやテレビやスマートフォンです。

光の三原色

「光の三原色」とは、赤（R：レッド）、緑（G：グリーン）、（B：ブルー）のことで、RGBと略して呼ばれることもあります。

各色を0〜255の256段階で、例えばR=50；G=180；B=75のように組み合わせることでほとんどの色を作成できます。色を混ぜるほど明るくなり、白に近づいていく特徴があり、すべての色を255にすると白に、逆にすべての色を0にすると黒になります。太陽を直接見ると白っぽく見えるのと同じです。このような混色系を「加法混色」といいます。

光の三原色を使用する身近な例ではパソコンやテレビやスマートフォンです。

赤
R：レッド

緑
G：グリーン

青
B：ブルー

1 図形に文字を入力します。

❶ 左端の図形を選択します。

❷ 「赤」と入力し改行します。

❸ 2行目に「R：レッド」と入力します。

❹ 同様に中央の図形に「緑（改行）G：グリーン」、右端の図形に「青（改行）B：ブルー」を入力します。

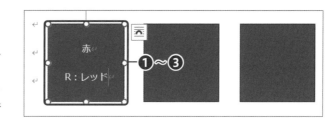

赤

R：レッド

❶〜❸

Point

図形を選択してもカーソルは表示されませんが、入力を始めると同時に表示されます。図形の中で Enter キーを押すと改行されますので、文字確定後は図形以外の部分をクリックします。

2 結果を確認します。

❶図形の上下左右中央に文字が
挿入されます。

Column　**テキストの詳細設定**

　図形の中で文字列を上に配置したり、線とテキストの距離を変更したりすることもできます。
　目的の図形の外枠線で右クリックし、[図形の書式設定] をクリックして表示される [図形の書式設定] 作業ウィンドウの [レイアウトとプロパティ] タブで設定します。

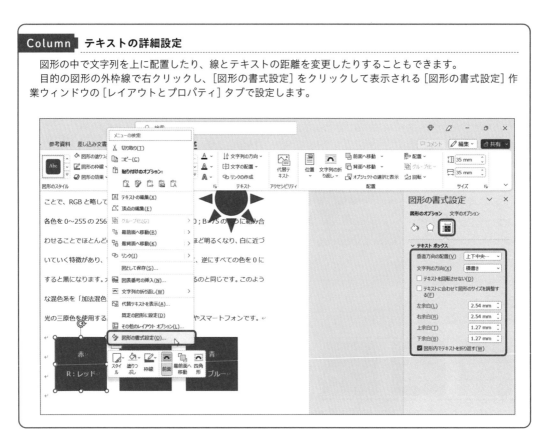

180

図形を編集する

「図形のスタイル」を適用すると、塗りつぶしの色や枠線の色や太さ、文字の色などを一括して変更できます。それらを個別に設定することもできます。

Lesson 57

サンプル Lesson57.docx

　右上の太陽の図形に「パステル-オレンジ、アクセント 2」のスタイルを適用しましょう。文末の 3 つの四角形には左から、赤の塗りつぶしと赤の枠線、緑の塗りつぶしと緑の枠線、青の塗りつぶしと青の枠線を設定しましょう。赤と緑と青はすべて [標準の色] を使用します。

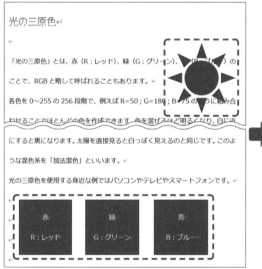
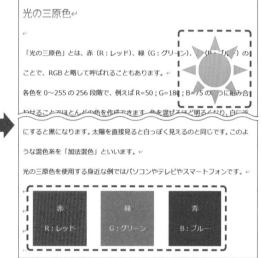

1 図形にスタイルを設定します。

❶ 太陽の図形を選択します。

❷ [図形の書式] タブをクリックします。

❸ [図形のスタイル] グループの [その他] をクリックします。

グラフィック要素の挿入と書式設定

5

❹「パステル - オレンジ、アクセント2」をクリックします。

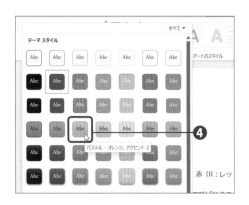

2 図形の塗りつぶしと枠線の色を設定します。

❶ 左の図形をクリックします。
❷ [図形のスタイル] グループの [図形の塗りつぶし] をクリックします。
❸ [標準の色] の [赤] をクリックします。

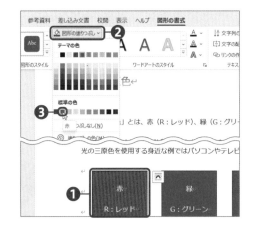

❹ [図形のスタイル] グループの [図形の枠線] をクリックします。
❺ [標準の色] の [赤] をクリックします。
❻ 同様に、中央と右の図にそれぞれ塗りつぶしと枠線の色を設定します。

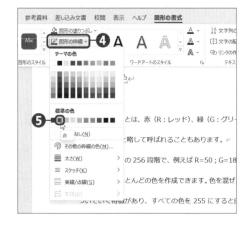

3 結果を確認します。

❶ それぞれの図形にスタイルと、塗りつぶしの色と枠線の色が設定されます。

図形を配置する

月　日 ☑
月　日 ☑
月　日 ☑

　複数の図形を重ねて作成すると、後から挿入した図形が前面に配置されます。その順序を変更したり、複数の図形の下端を揃えたり、等間隔に配置したりすることもできます。

Lesson 58

サンプル Lesson58.docx

5

グラフィック要素の挿入と書式設定

　右上の太陽の図形を文字列の背面に移動しましょう。次に、文末の3つの四角形の上端を揃え、左右に整列しましょう。

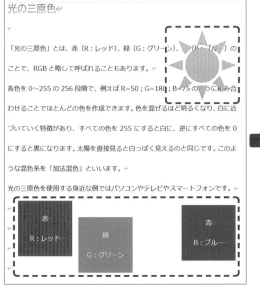 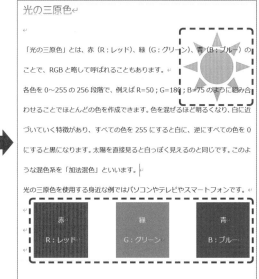

1 文字の背面へ移動します。

❶ 太陽の図形をクリックします。

❷ [図形の書式] タブをクリックします。

❸ [配置] グループの [背面へ移動] の ☑ をクリックします。

❹ [テキストの背面へ移動] をクリックします。

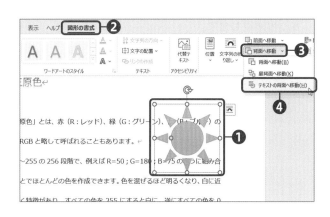

Point

図形を別の図形の前面/背面にするには、[配置] グループの [前面へ移動] / [背面へ移動] を使用します。3つ以上重なっている場合は ☑ をクリックし、[最前面へ移動] / [最背面へ移動] が便利です。

図形を文字列の背面へ配置して文字列が読めるようにするには、このLessonのように [テキストの背面へ移動] を使用します。

---

2 **複数の図形の上端を揃え、左右に整列します。**

❶ 左の四角形をクリックします。

❷ [Shift] キーを押しながら中央の四角形と右の四角形をクリックします。

❸ [配置] グループの [オブジェクトの配置] (配置) をクリックします。

❹ [上揃え] をクリックします。

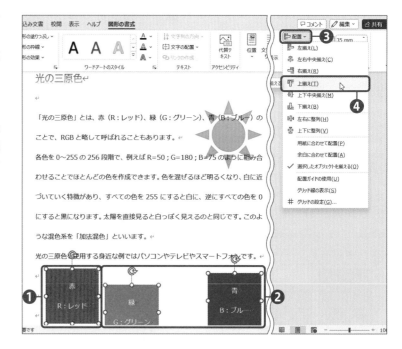

❺ 再度 [配置] グループの [オブジェクトの配置] (配置) をクリックします。

❻ [左右に整列] をクリックします。

3 **結果を確認します。**

❶ 太陽の図形が文字の背面へ移動
し、四角形は上が揃い、同時に
左右に等間隔に整列します。

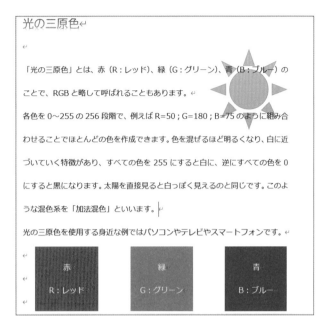

StepUp

複数の図形を選択する場合、[Shift] キーではなく [Ctrl] キーを使うこともできます。[Ctrl] キーの場合、
マウスポインターが の形状で外枠をクリックします。
また、たくさんの図形がある場合、まとめて選択することもできます。
[ホーム] タブの [編集] グループの [選択] をクリックし、[オブジェクトの選択] をクリックします。
マウスポインターが の形状で、図形を全部囲むように左上から右下へドラッグすると、その範囲
内の図形をすべて選択できます。選択が終わったら、[Esc] キーを押してマウスポインターをもとの形
状に戻します。

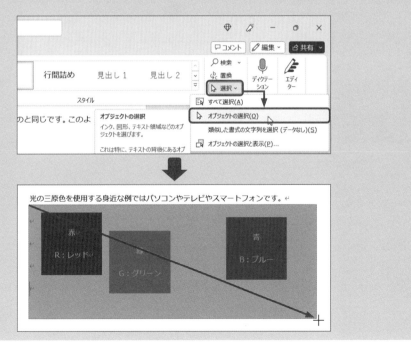

テキストボックスを挿入する

「テキストボックス」は文字を挿入することを目的とした図形です。カーソルの位置に関係なく、自由な位置に文字を配置したいときに使用します。横書きテキストボックス、縦書きテキストボックス以外に、あらかじめデザインされた組み込みのテキストボックスもあります。

Lesson 59

サンプル　Lesson59.docx

組み込みのテキストボックス［ファセット - サイドバー（右）］を挿入しましょう。サイドバーのタイトルは削除し、サイドバーの内容に2行目の「6つの基礎食品」とは、」から始まる段落を移動しましょう。

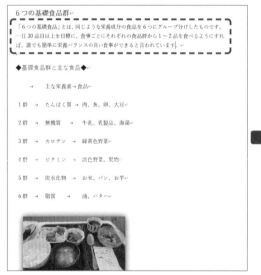 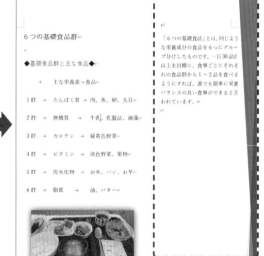

1 組み込みのテキストボックスを挿入し、タイトルを削除します。

❶ [挿入] タブをクリックします。
❷ [テキスト] グループの [テキストボックスの選択] (テキストボックス) をクリックします。
❸ [ファセット-サイドバー (右)] をクリックします。

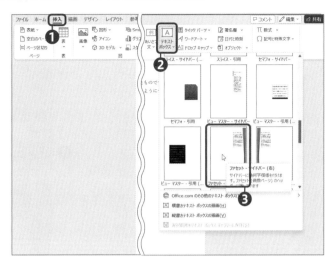

❹ テキストボックスが挿入され、タイトルが範囲選択されているので、Delete キーを押します。

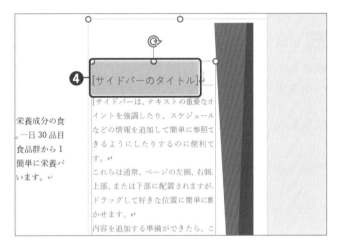

2 文字列を移動します。

❶ 2行目以降の「6つの基礎食品」とは、」から始まる段落を選択します。
❷ Ctrl キーを押しながら X キーを押して切り取ります。

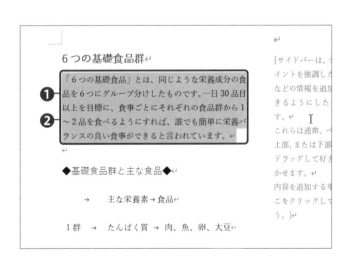

❸ [ファセット-サイドバー（右）]
のサイドバーの内容（「サイド
バーは、テキストの重要な」
で始まる部分）をクリックし、
Ctrl キーを押しながら V キー
を押して貼り付けます。

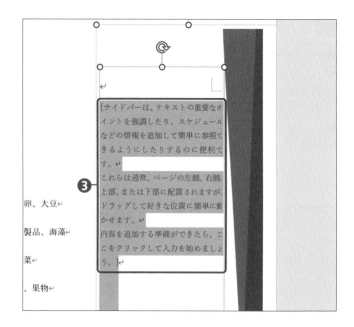

3 結果を確認します。

❶ 組み込みのテキスト
ボックスが作成さ
れ、文字が移動され
ます。

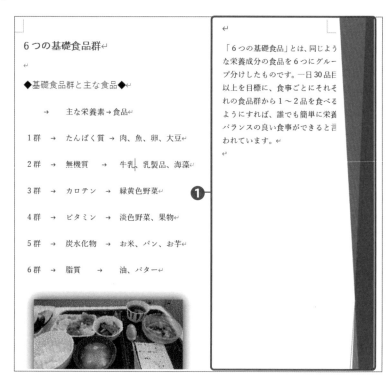

　写真の右側に横書きテキストボックスを挿入し、「栄養バランスの良い食事」と入力しましょう。

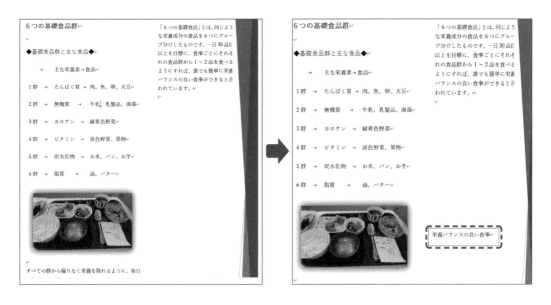

1 横書きテキストボックスを挿入します。

❶ [挿入] タブをクリックします。

❷ [テキスト] グループの [テキストボックスの選択] (テキストボックス) をクリックします。

❸ [テキストボックスの作成] (横書きテキストボックスの描画) をクリックします。

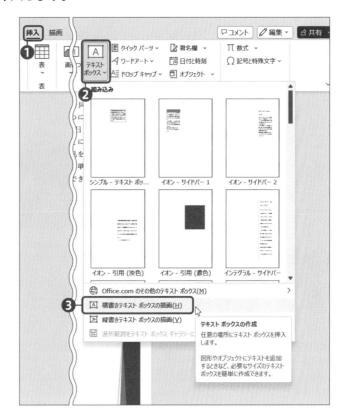

❹写真の右側をド
ラッグしてテキス
トボックスを作成
します。

❺「栄養バランスの
良い食事」と入力
します。

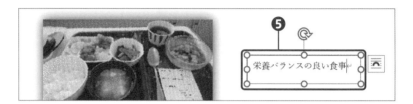

2 結果を確認します。

❶テキストボックス
が挿入され、文字
が入力されます。

6つの基礎食品群↵

↵

◆基礎食品群と主な食品◆↵

	→	主な栄養素 → 食品↵
1群	→	たんぱく質 → 肉、魚、卵、大豆↵
2群	→	無機質 → 牛乳、乳製品、海藻↵
3群	→	カロテン → 緑黄色野菜↵
4群	→	ビタミン → 淡色野菜、果物↵
5群	→	炭水化物 → お米、パン、お芋↵
6群	→	脂質 → 油、バター↵

「6つの基礎食品」とは、同じよう
な栄養成分の食品を6つにグルー
プ分けしたものです。一日30品目
以上を目標に、食事ごとにそれぞ
れの食品群から1〜2品を食べる
ようにすれば、誰でも簡単に栄養
バランスの良い食事ができると言
われています。↵

↵

栄養バランスの良い食事↵

StepUp
テキストボックスのサイズ変更や移動方法は、図形と同じです。
また、不要なテキストボックスは、外枠線をクリックして選択し、 Delete キーを押して削除します。

テキストボックスを編集する

　図形と同様に、テキストボックスも枠線の色や塗りつぶしを設定できます。また、テキストボックスの枠線と文字の距離を変更することもできます。

　装飾を目的としている場合、テキストボックスではなく図形 (四角形) を挿入する方が多いので、ここではテキストボックスに色を付けるのではなく、透明にする方法を学習します。

Lesson 61

サンプル▶ Lesson61.docx

　写真に重なっているテキストボックスの塗りつぶしと枠線をなしに、文字の色を白に設定しましょう。次に、右側の組み込みのテキストボックスの左右の余白を2mmにしましょう。

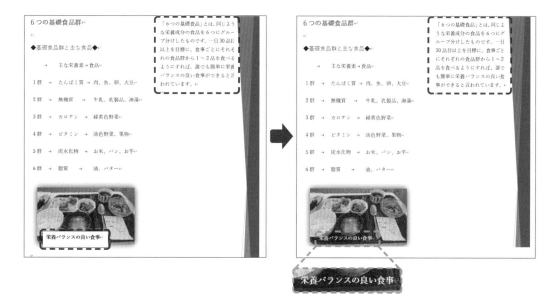

5

グラフィック要素の挿入と書式設定

1 テキストボックスの塗りつぶしをなくします。

❶ テキストボックスの外枠線をクリックします。
❷ [図形の書式] タブをクリックします。
❸ [図形のスタイル] グループの [図形の塗りつぶし] をクリックします。
❹ [塗りつぶしなし] をクリックします。

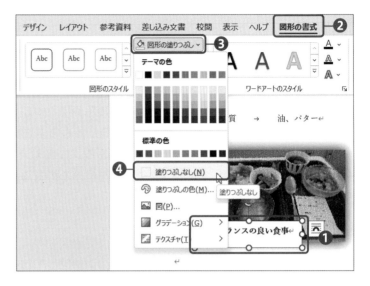

2 テキストボックスの枠線をなしにします。

❶ [図形のスタイル] グループの [図形の枠線] をクリックします。
❷ [枠線なし] をクリックします。

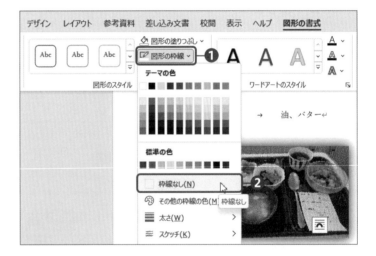

3 文字の色を変更します。

❶ [ホーム] タブをクリックします。
❷ [フォント] グループの [フォントの色] の ⌄ をクリックします。
❸ [白、背景1] をクリックします。

4 テキストボックスの余白を変更します。

❶ 右側のテキストボックスの外枠線を右クリックします。
❷ [オブジェクトの書式設定] をクリックします。

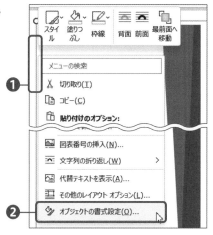

❸ [図形の書式設定] 作業ウィンドウの [文字のオプション] をクリックします。
❹ [レイアウトとプロパティ] をクリックします。
❺ 左余白と右余白を2mmに設定します。
❻ 作業ウィンドウを閉じます。

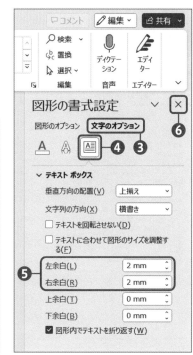

▶ 別の方法

[図形の書式設定] 作業ウィンドウは、次の方法でも表示できます。テキストボックス内をクリックし、[図形の書式] タブの [図形のスタイル] グループのダイアログボックス起動ツール ⬐ (図形の書式設定) をクリックします。

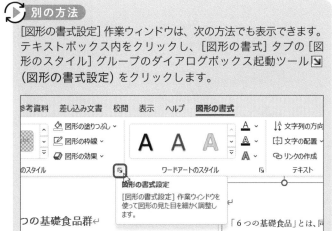

5 結果を確認します。

❶ 横書きテキストボックスと、組み込みテキストボックスの書式が変更されます。

「6つの基礎食品」とは、同じような栄養成分の食品を6つにグループ分けしたものです。一日30品目以上を目標に、食事ごとにそれぞれの食品群から1～2品を食べるようにすれば、誰でも簡単に栄養バランスの良い食事ができると言われています。

5-2 画像を追加・編集する

　Wordではデジタルカメラやスマートフォンで撮影した写真のことを「画像」もしくは「図」といいます。本書ではすべて「図」と表記します。

　Wordに挿入した図は、色合いを修正したり、絵画風に加工したりするなど、さまざまに装飾することができます。

Lesson 62　　　　　サンプル Lesson62.docx

文末に［Lesson62］フォルダーから、「ゴルフ場image」を挿入しましょう。挿入後、高さを45mmにし、中央に配置しましょう。

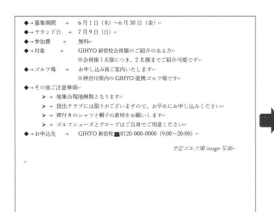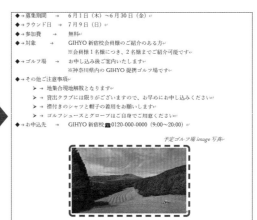

1 図を挿入します。

❶ [Ctrl] キーを押しながら [End] キーを押して文末にジャンプします。

❷ ［挿入］タブをクリックします。

❸ ［図］グループの［画像を挿入します］（画像）をクリックします。

❹ ［ファイルから］（このデバイス…）をクリックします。

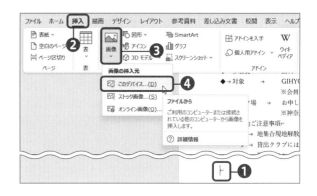

❺ [Lesson62] フォルダー
　の「ゴルフ場image」を
　クリックします。
❻ [挿入] ボタンをクリック
　します。

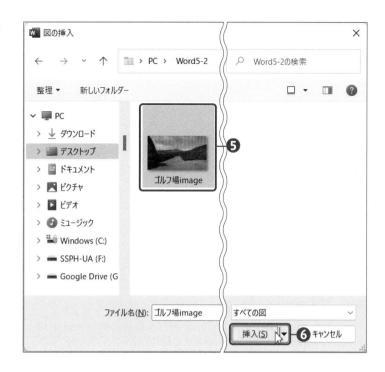

2 図のサイズを変更します。

❶ [図 の 形 式] タ ブ を ク
　リックします。
❷ [サイズ] グループの [図
　形の高さ] を「45」にし
　ます。

3 中央に配置します。

❶ [ホーム] タブをクリック
　します。
❷ [段落] グループの [中央
　揃え] をクリックしま
　す。

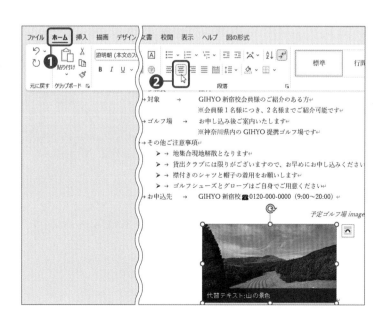

4 結果を確認します。

❶挿入された図のサイズ
が変更され、中央に配
置されます。

Column その他の画像の挿入元

　Wordで使用できる図には、自分で撮った写真の他に「オンライン
画像」と「ストック画像」があります。両方ともインターネット上の図
という意味では同じです。
　オンライン画像はBingという検索エンジンを使用して検索するた
め、著作権に注意が必要です。ストック画像はMicrosoft社が
Micorosoft365ユーザー向けに提供する無料の図やアイコン、イラス
トなどのことで、Word上で使用する限り、著作権を気にせず利用で
きます。

アート効果を適用する

挿入した図に「アート効果」を適用すると、パッチワークやモザイクなどのような効果を付けることができます。

Lesson 63

サンプル Lesson63.docx

文末の図（ゴルフ場の写真）に「テクスチャライザー」のアート効果を適用しましょう。

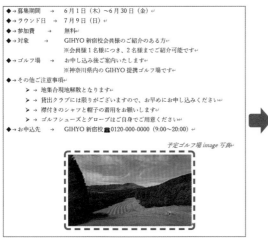
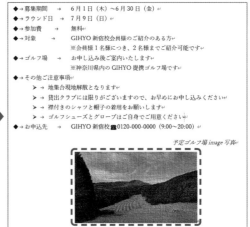

1 アート効果を適用します。

❶ 文末の図を選択します。
❷ [図の形式] タブをクリックします。
❸ [調整] グループの [アート効果] をクリックします。
❹ [テクスチャライザー] をクリックします。

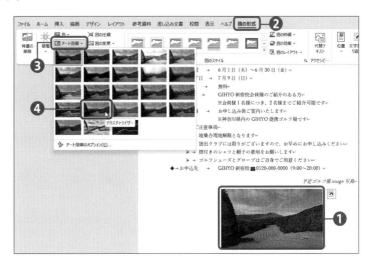

グラフィック要素の挿入と書式設定

2 結果を確認します。

❶図にアート効果が適
用されます。

⬛ **StepUp**

適用したアート効果をもとに戻すには、[アート効果] をクリックし、[なし] をクリックします。

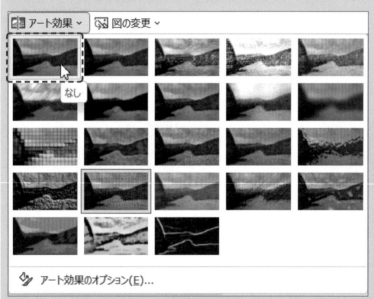

[調整] グループの [図のリセット] をクリックしてもアート効果を削除できます。[図のリセット] の
🔽 をクリックし、[図とサイズのリセット] をクリックすると、サイズやトリミングも同時にリセッ
トされ、挿入直後の図の状態に戻ります。

図の効果やスタイルを適用する

「図の効果」を適用すると、影やぼかしなどの視覚的な効果を設定できます。「図のスタイル」を適用すると、図の効果や額縁のような飾りを一括して設定できます。

Lesson 64

サンプル Lesson64.docx

左下の図に「透視投影、影付き、白」のスタイルを設定しましょう。次に右下の図に5ポイントのぼかしの図の効果を設定しましょう。

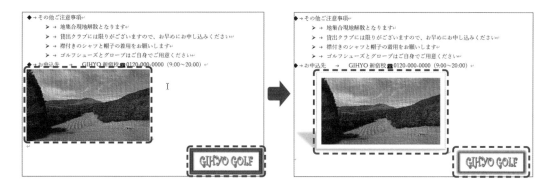

1 図にスタイルを設定します。

❶ 左下の図をクリックします。

❷ [図の形式] タブをクリックします。

❸ [図のスタイル] グループの [その他] ▽ をクリックします。

5

グラフィック要素の挿入と書式設定

❹ [透視投影、影付き、白] をクリックします。

2 ぼかしを設定します。

❶ 右下の図をクリックします。
❷ [図のスタイル] グループの [図の効果] をクリックします。
❸ [ぼかし] をポイントします。
❹ [5 ポイント] をクリックします。

3 結果を確認します。

❶ 図のスタイルと効果が設定されます。

オブジェクトの周囲の文字列を折り返す、配置する

　図は、「文字列の折り返し」が「行内」という設定で挿入されます。文字列と同じ扱いなので、文字が配置できる場所にしか移動できません。「行内」以外の折り返しに変更することで、自由な位置に配置でき、文字列の背面に回り込んだり図形に沿って文字を配置させたりすることができます。

　また、余白を基準に中央に揃えたり、下から○mmなどの数値での指定をしたりもできます。

Lesson 65

サンプル Lesson65.docx

1つ目の図の文字列の折り返しを「四角形」にしましょう。

1 図の折り返しを変更します。

❶ 1つ目の図をクリックします。
❷ [図の形式] タブをクリックします。
❸ [配置] グループの [文字列の折り返し] をクリックします。
❹ [四角形] をクリックします。

5

グラフィック要素の挿入と書式設定

別の方法

図をクリックすると表示される ⌃ [レイアウトオプション]をクリックし、[四角形]クリックすることでも図の折り返しを変更できます。

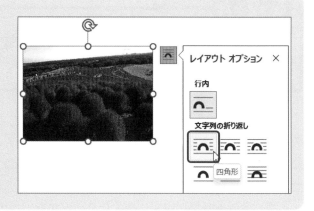

2 結果を確認します。

❶ 四角形の形状に文字が折り返されます。

◇◇◇光の水辺公園情報◇◇◇◇↵

光の水辺公園では、今、コキアが見ごろです！↵

夏にはライトグリーンのふわふわした丸い姿が楽しめ

ますが、今の時期は真っ赤に紅葉し、丘一面を染めてい

ます。↵

コキアは、ホウキギとも呼ばれ、その名のとおり、昔はこの茎を刈り取って乾燥させてほう

きを作っていました。賞用だけではなく食用のものもあり、「山のキャビア」と呼ばれる「と

んぶり」はコキアの実です。↵

コキアを模したアイスクリーム屋台や、限定の「とんぶり丼」が食べられるショップもあり

ます。駐車場も第1〜第3までで500台止めることができますので、この週末は、ぜひご

文字列の折り返しには次の種類があります。

種類	文字と図形の関係	画面での表示
行内	文字列と同じ扱い	ビデオを使うと、伝えたい内容を明確に表現できます。[オンライン ビデオ] をクリ　　　　　　　　　　　ックすると、追加したいビデオを、それに応じた埋め込みコードの形式で貼り付けできるようになります。キーワードを入力して、文書に最適なビデオをオンラインで検索することもできます。
四角形	図や図形を囲む四角形の形状に文字列が回り込む	ビデオを使うと、伝えたい内容を明確に表現できます。[オンライン ビデオ] をクリックすると、追加したいビデオを、込みコードの形式で貼なります。キーワードを入適なビデオをオンラインできます。
狭く	図や図形の形状に沿って文字列が回り込む	ビデオを使うと、伝え　　　　　たい内容を明確に表現できます。[オンライン ビデオ]　　　をクリックすると、追加したいビデオを、それに応じた埋め込みコードの形式で貼り付けできるよ　　　　うになります。キーワードを入力して、文書に　　　　最適なビデオをオンラインで検索すること　　　　もできます。
内部	図や図形の透明な部分にも文字列が入り込む 「折り返し点の編集」をした場合に有効	ビデオを使うと、伝え　　　　　たい内容を明確に表現できます。[オンライン ビデオ]　　　をクリックすると、追加したいビデオを、それに応じた埋め込みコードの形式で貼り付けできるよ　　うに　　　なります。キーワードを入力して、文書に最適　　なビデオ　　をオンラインで検索することもできます。
上下	図や図形の上下にだけ文字列が配置される	ビデオを使うと、伝えたい内容を明確に表現できます。[オンライン ビデオ] をクリックすると、追加したいビデオを、それに応じた埋め込みコードの形式で貼り付けできるようになります。キーワードを入力して、文書に最適なビデオをオンラインで検索することもできます。
背面	図や図形が文字列の背面に配置される	ビデオを使うと、伝えたい内容を明確に表現できます。[オンライン ビデオ] をクリックすると、追加したいビデオを、それに応じた埋め込みコードの形式で貼り付けできるよ　　　　ります。キーワードを入力して、文書に最適なビデオをオンラインで検索することもできます。
前面	図や図形が文字列の前面に配置される	ビデオを使うと、伝えたい内容を明確に表現できます。[オンライン ビデオ] をクリックすると、追加したいビデオを、それに応じた埋め込みコードの形式で貼り付けできるよ　　　　ります。キーワードを入力して、文書に最適なビデオをオンラインで検索することもできます。

5

グラフィック要素の挿入と書式設定

Lesson 66

2つ目の図を文字列の背面に設定し、左右は余白を基準に右揃え、上下は余白を基準に中央揃えに配置しましょう。

1 図の配置を設定します。

❶ 2つ目の図を選択します。
❷ [図の形式] タブをクリックします。
❸ [配置] グループの [オブジェクトの配置] (位置) をクリックします。
❹ [その他のレイアウトオプション] をクリックします。

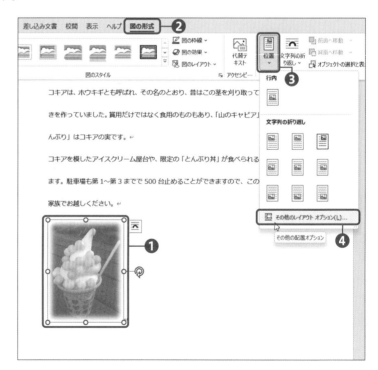

204

❺[文字列の折り返し]タブをク
　リックします。
❻[背面]をクリックします。

❼[位置]タブをクリックします。
❽[水平方向]の[配置]を[右揃
　え]、[基準]を[余白]にします。
❾[垂直方向]の[配置]を[中央]、
　[基準]を[余白]にします。
❿[OK]ボタンをクリックします。

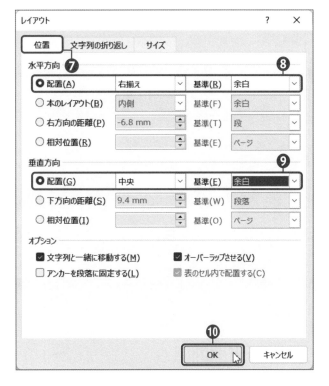

2 **結果を確認します。**

❶図の配置が変更されます。

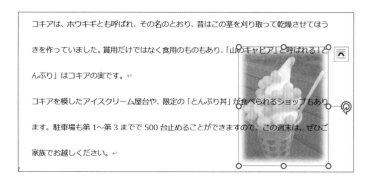

🔄 **別の方法**

［レイアウト］ダイアログボックス
は、図をクリックすると表示される
🔲［レイアウトオプション］をク
リックし、［詳細表示］クリックして
も表示できます。

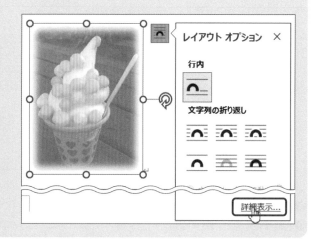

▶ **StepUp**

［位置］グループの［オブジェクトの配
置］（位置）には、［左下に配置し、四角
の枠に沿って文字を折り返す］のよう
に、あらかじめ設定されている配置が複
数用意されています。

オブジェクトに代替テキストを追加する

「代替テキスト」とは、図や図形などに設定する説明文のことです。視覚に障碍のある方などが画面の読み上げソフトを使用するときに、その図を説明する代替テキストが読み上げられ、内容の理解を助けます。

Lesson 67

サンプル Lesson67.docx

1つ目の図形に「水辺の公園のコキアの写真」という代替テキストを設定しましょう。

1 [代替テキスト] 作業ウィンドウを表示します。

❶ 1つ目の図を右クリックします。
❷ [代替テキストを表示] をクリックします。

5

グラフィック要素の挿入と書式設定

2 [代替テキスト] を入力します。

❶「水辺の公園のコキアの写真」と入力します。
❷ [代替テキスト] 作業ウィンドウを閉じます。

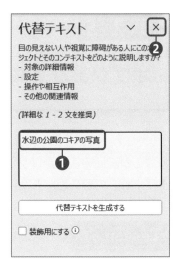

▶ 別の方法

[代替テキスト] 作業ウィンドウは、[図の形式] タブの [アクセシビリティ] グループの [代替テキスト] をクリックしても表示できます。

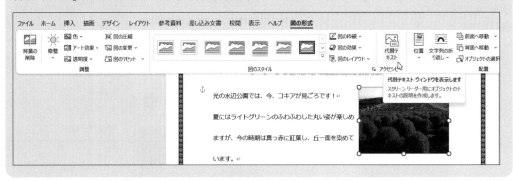

Column **自動生成された代替テキスト**

　Word365では、画像を挿入すると、自動的に生成された代替テキストを含むバーが画像の下部に表示されることがあります。[代替テキスト] 作業ウィンドウにも表示されます。

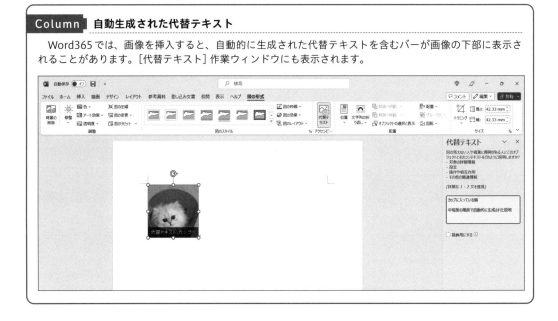

図の背景を削除する

ペットや建物や人物などの写真から背景を削除して、必要な部分だけを切り抜くことができます。

Lesson 68

サンプル Lesson68.docx

2つ目の図の背景を削除して、ソフトクリームだけを切り抜きましょう。

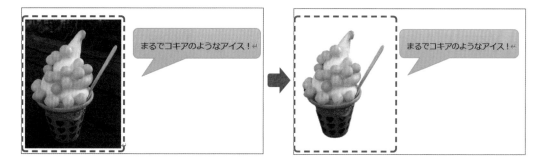

1 図の背景を削除します。

❶ 2つ目の図を選択します。
❷ [図の形式] タブをクリックします。
❸ [調整] グループの [背景の削除] を
　クリックします。

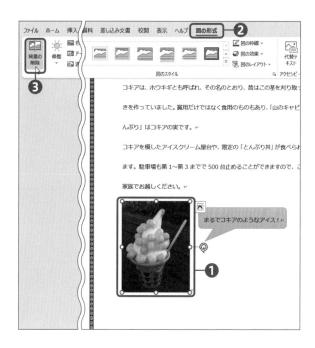

2 残す部分と削除する部分を調整します。紫色で表示されている部分が削除される
部分です。

❶ [背景の削除] タブを
クリックします。

❷ [保持する領域として
マーク] をクリック
します。

❸ 残す部分をドラッグ
します。

❹ 必要な部分がすべて
カラーになるまで繰
り返します。

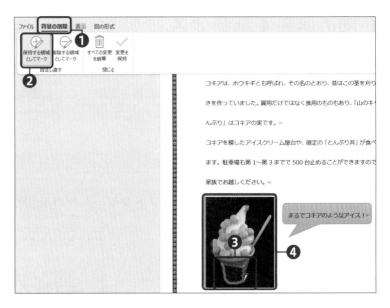

3 確定します。

❶ [背景の削除を終了し
て、変更を保持する]
（変更を保持）をク
リックします。

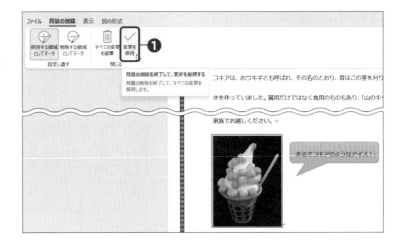

4 結果を確認します。

❶ 背景が削除され、必要な部分だけ
が切り抜かれます。

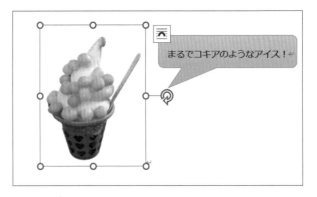

> ▶ StepUp
> [背景の削除] タブの [削除する領域と
> してマーク] を使用すると、残す部分
> として認識されカラーになった部分を、
> 削除する部分へ変更できます。

5-3 その他のグラフィック機能を利用する

5-3-1 SmartArtグラフィックを挿入する

「SmartArtグラフィック」は、図解のために用意された、図形と図形の組み合わせです。組織図やベン図などさまざまなレイアウトがあり、文字を入力するだけで完成します。作成した後に色合いを変更したり、異なるSmartArtグラフィックに変更したりもできます。

Lesson 69

サンプル ▶ Lesson69.docx

文末に「波型ステップ」のSmartArtグラフィックを挿入し、次の文字を入力しましょう。入力後、SmartArtグラフィックの高さを45mmに設定します。

- ・Step1
  - ・安全を確保
- ・Step2
  - ・情報収集
- ・Step3
  - ・安否確認
- ・Step4
  - ・帰宅の判断

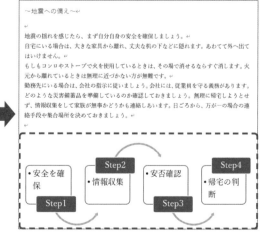

1 SmartArtグラフィックを挿入します。

❶ Ctrl キーを押しながら End キーを押
して文末にジャンプします。

❷ [挿入] タブをクリックします。

❸ [図] グ ル ー プ の [SmartArtグ ラ
フィックの挿入] (SmartArt) をク
リックします。

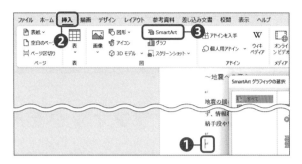

❹ [波型ステップ] をクリックします。

❺ [OK] ボタンをクリックします。

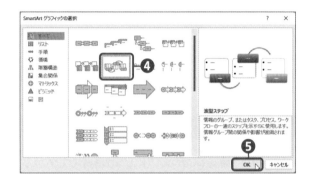

❻ 空のSmartArtグラフィックが挿入され、テキストウィンドウが表示されます。

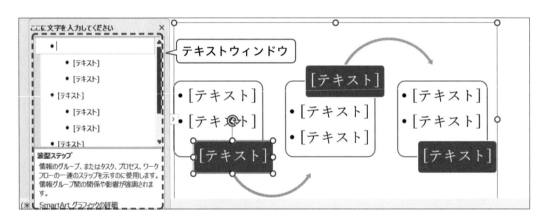

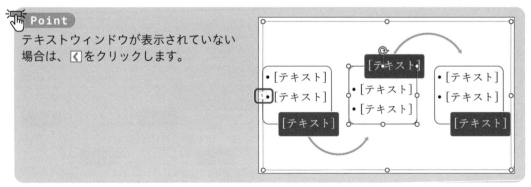

Point

テキストウィンドウが表示されていない
場合は、◀をクリックします。

2 テキストウィンドウに文字を入力します。

❶ テキストウィンドウの1行目 (レベル1) に「Step1」と入力
します。

❷ ↓キーを押して2行目 (レベル2) にカーソルを移動し、「安
全を確保」と入力します。

❸ 次の行が不要なので Delete キーを押します。

❹ 同様に次のように入力します。

3 図形を追加します。

❶ 最初に用意されていた図形が足
りないので「安否確認」の後ろで
Enter キーを押して追加します。
「安否確認」と同じレベルの行が
追加されます。

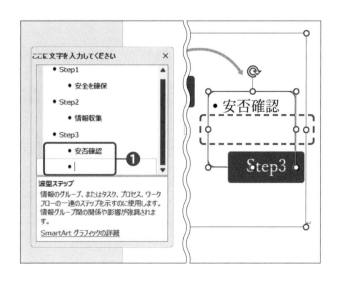

4 図形内のレベルを変更します。

❶ Shift キーを押しながら Tab キーを押してレベルを上げ、「Step4」と入力します。

❷ Enter キーで改行します。

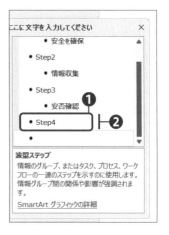

❸ Tab キーを押してレベルを下げます。

❹「帰宅の判断」と入力します。

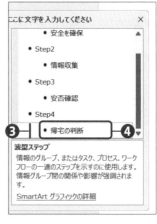

> ▶ **別の方法**
>
> レベルの上げ/下げは [SmartArtのデザイン] タブの [グラフィックの作成] グループの [レベル上げ] / [レベル下げ] でも行えます。

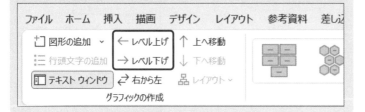

5 SmartArtグラフィックのサイズを変更します。

❶ SmartArt グラフィックの外枠線をクリックして全体を選択します。

❷ [書式] タブをクリックします。

❸ [サイズ] グループの [高さ] を「45」にします。

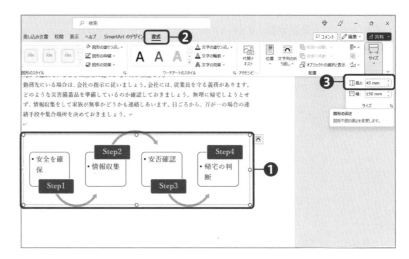

6 結果を確認します。

❶ 文末に SmartArt グラフィックが作成されます。

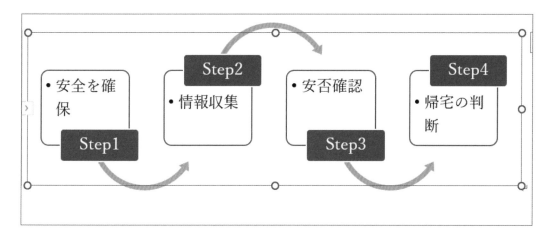

Point

SmartArt グラフィックの図形が足りない場合は、テキストウィンドウで Enter キーを押す
とテキストウィンドウには新しい行が、SmartArt グラフィックには新しい図形が挿入されま
す。挿入できる図形の数は SmartArt グラフィックのレイアウトによって異なります。
図形が不要な場合は、テキストウィンドウの不要な文字を削除するか、SmartArt グラフィッ
クの図形を選択して Delete キーを押します。

別の方法

今回のLessonでは↓キーを
使って入力しましたが、 Enter
キーを使用して全部同じレベル
で入力した後、SmartArtグラ
フィック内の箇条書きのレベル
を変更することもできます。レ
ベルを下げるには、テキスト
ウィンドウの目的の文字の先頭
で Tab キーを押します。レベル
を上げるには Shift キーを押し
ながら Tab キーを押します。

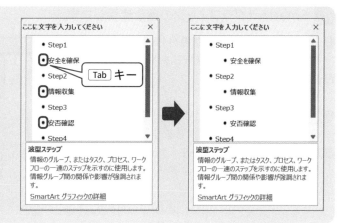

SmartArt グラフィックを編集する

SmartArt グラフィックの色やスタイルを変更できます。「スタイル」とは図形のスタイルと同じで、色や枠線などの書式をまとめて登録したものです。

Lesson 70

サンプル Lesson70.docx

SmartArt グラフィックの色を「カラフル-全アクセント」、スタイルを「グラデーション」に、フォントを「HGP ゴシック M」に設定しましょう。

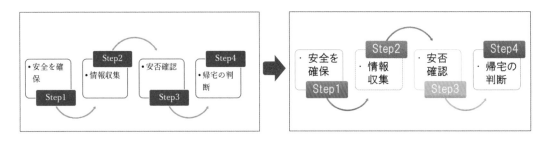

1 SmartArt グラフィックの色を変更します。

❶ SmartArt グラフィックの外枠線をクリックして全体を選択します。

❷ [SmartArt のデザイン] タブをクリックします。

❸ [SmartArt のスタイル] グループの [色の変更] をクリックします。

❹ [カラフル-全アクセント] をクリックします。

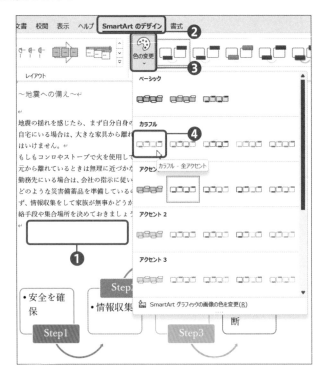

2 SmartArtグラフィックのスタイルを変更します。

❶ [SmartArtのスタイル]
グループの [グラデー
ション] をクリックしま
す。表示されていない場
合、[SmartArtのスタイ
ル] グループの [その他]
▽をクリックします。

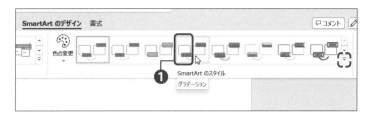

3 フォントを変更します。

❶ [ホーム] タブをクリック
します。
❷ [フォント] グループの
[フォント] の ▽ をク
リックします。
❸ [HGPゴシックM] をク
リックします。

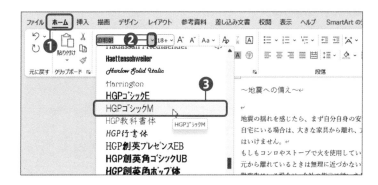

4 結果を確認します。

❶ SmartArtグラフィックの
色とスタイル、フォントが
変更されます。

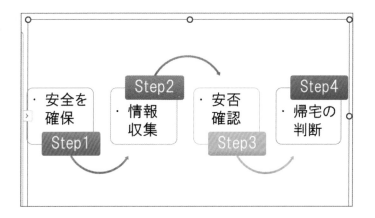

> [!NOTE]
> **Column** 異なるSmartArtグラフィックに変更する
>
> SmartArtグラフィック作成後に、異なる種類のSmartArtグラフィックへ変更することもできます。
> [SmartArtのデザイン] タブの [レイアウト] グループから目的のレイアウトをクリックします。
>
>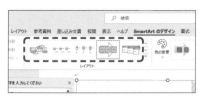

5-3-3

アイコンを挿入する

「アイコン」は、文書の見た目を整え、わかりやすくするために、シンプルなイラスト（ピクトグラム）を挿入する機能です。色の変更、枠線の色や太さの変更ができます。

Lesson 71

サンプル Lesson71.docx

表の左上「コーヒー飲料」の次の行に、「コーヒー」で検索した任意のアイコンを挿入しましょう。

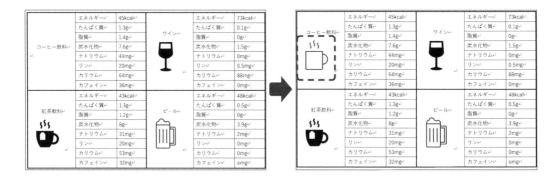

1 アイコンを挿入します。

❶ カーソルを表の左上「コーヒー飲料」の次の行に移動します。
❷ ［挿入］タブをクリックします。
❸ ［図］グループの［アイコンの挿入］（アイコン）をクリックします。

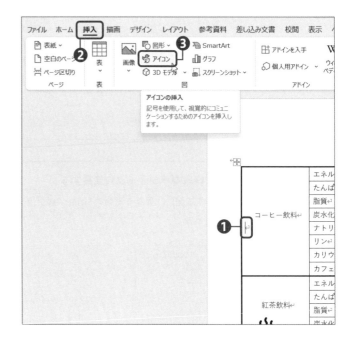

❹検索ボックスに「コーヒー」と入力します。

❺任意のアイコンをクリックします。

❻[挿入] ボタンをクリックします。

2 結果を確認します。

❶カーソル位置にアイコンが挿入されます。

> **StepUp**
>
> アイコンのサイズ変更、文字列の折り返し、削除などは図形と同様です。

コーヒー飲料	エネルギー↵	45kcal↵		ワイン↵	エネルギー↵	73kcal↵
	たんぱく質↵	1.3g↵			たんぱく質↵	0.1g↵
	脂質↵	1.4g↵			脂質↵	0g↵
	炭水化物↵	7.6g↵			炭水化物↵	1.5g↵
	ナトリウム↵	44mg↵			ナトリウム↵	0mg↵
	リン↵	20mg↵			リン↵	0.5mg↵
	カリウム↵	64mg↵			カリウム↵	88mg↵
	カフェイン↵	36mg↵			カフェイン↵	0mg↵
紅茶飲料	エネルギー↵	43kcal↵		ビール↵	エネルギー↵	48kcal↵
	たんぱく質↵	1.3g↵			たんぱく質↵	0.5g↵
	脂質↵	1.2g↵			脂質↵	0g↵
	炭水化物↵	8g↵			炭水化物↵	3.9g↵
	ナトリウム↵	31mg↵			ナトリウム↵	2mg↵
	リン↵	20mg↵			リン↵	0mg↵
	カリウム↵	53mg↵			カリウム↵	0mg↵
	カフェイン↵	32mg↵			カフェイン↵	0mg↵

Column **アイコンを図形に変換する**

アイコンは図形に変換すると一部の色を変更したり、一部のサイズを変更したりできます。
[グラフィックス形式] タブの [変換] グループの [図形に変換] をクリックします。

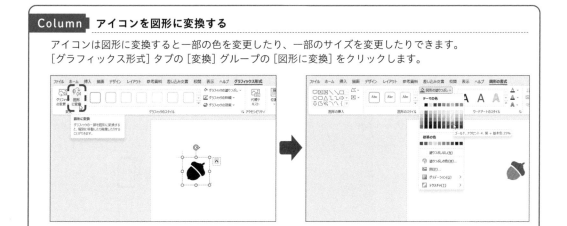

5-3-4

3Dモデルを挿入する、書式設定する

「3Dモデル」は3次元のデータとして作られた立体的なデータです。回転してあらゆる角度から表示することができます。

Lesson 72

サンプル Lesson72.docx

文頭に［Lesson72］フォルダーの3Dモデル「パプリカ」を挿入し、高さを35mmにしましょう。次に「3Dモデルビュー」を「左上背面」へ変更しましょう。

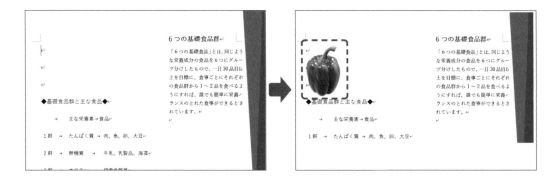

1 3Dモデルを挿入します。

❶ 文頭にカーソルがあることを確認します。

❷ ［挿入］タブをクリックします。

❸ ［図］グループの［3Dモデル］の▾をクリックします。

❹ ［このデバイス］をクリックします。

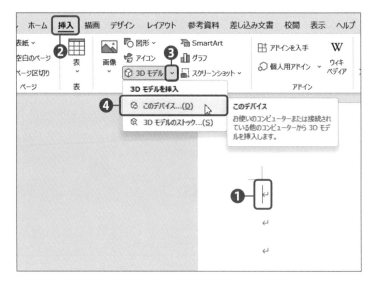

❺ [Lesson72] のフォルダー
に移動します。
❻「パプリカ」をクリック
します。
❼ [挿入] ボタンをクリック
します。

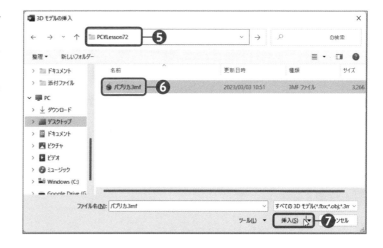

2 サイズを変更します。

❶ [3Dモデル] タブをク
リックします。
❷ [サイズ] グループの [図
形の高さ] (高さ) を「35」
にします。

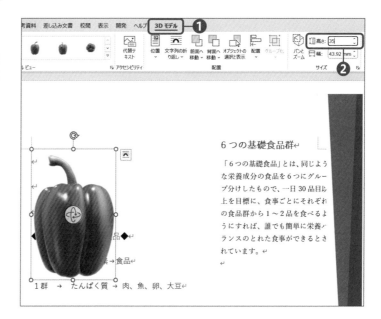

3 ビューを変更します。

❶ [3Dモデルビュー] グ
ループの [その他] ☑ を
クリックします。

❷［左上背面］をクリック
します。

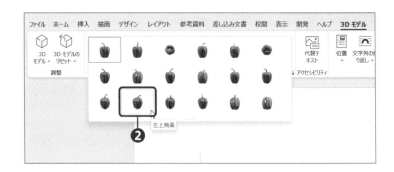

4 結果を確認します。

❶3Dモデルが挿入され、サイズと
ビューが変更されます。

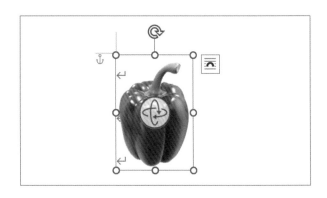

Column **3Dモデルを自在に回転する**

　3Dモデルの ⊕ をドラッグすると、任意の方向に回転できます。また、3Dモデルを右クリックして表示される［3Dモデルの書式設定］をクリックし、［3Dモデルの書式設定］作業ウィンドウでXYZ方向に角度を指定して回転することもできます。

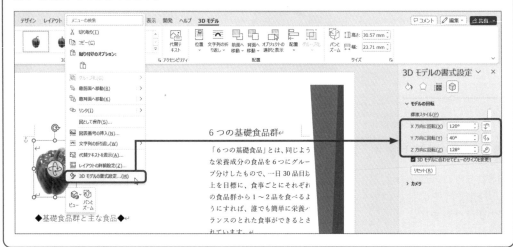

5-3-5
スクリーンショットや画面の領域を挿入する

PC画面に表示されている内容を丸ごと「スクリーンショット」として取り込むことができます。必要な部分だけを切り取って貼り付けることもできます。

準備

あらかじめスクリーンショットを取りたい画面を表示しておきます。ここではMicrosoft Edgeを使用してMOSの試験に関するデータ（https://mos.odyssey-com.co.jp/about/data.html）を表示しています。

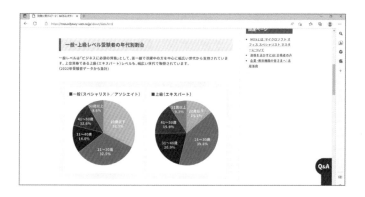

Lesson 73

サンプル Lesson73.docx

文末に任意のインターネットの画面をスクリーンショットとして挿入しましょう。

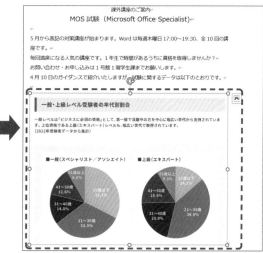

1 **Word に切り替えます。**

❶ タスクバーの［Word］
をクリックしてWord
に切り替えます。

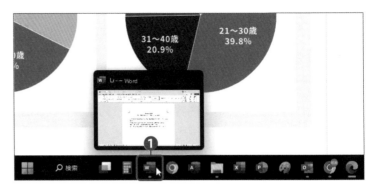

2 **Word でスクリーンショットを挿入します。**

❶ Ctrl キーを押しながら
End キーを押して文末
にカーソルを移動しま
す。
❷［挿入］タブをクリック
します。
❸［図］グループの［スク
リーンショットをとる］
（スクリーンショット）
をクリックします。
❹［画像の領域］をクリッ
クします。

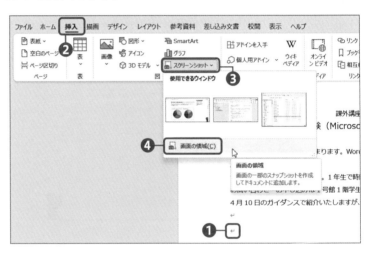

3 **スクリーンショットを撮る範囲を選択します。**

❶ Microsoft Edgeの画面
が復活し、全体がグ
レーで表示されるので、
Wordに貼りたい部分を
ドラッグして指定しま
す。ドラッグするとカ
ラー表示に変わります。

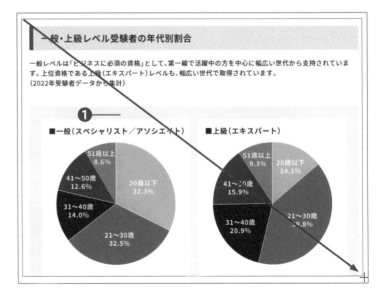

4 結果を確認します。

❶ ドラッグした範囲がWordに
貼り付けられます。

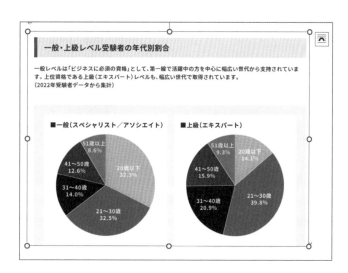

⭲ StepUp

画面の一部分でなく、画面全体をそのまま挿入する場合、[スクリーンショット]をクリックし、目的
のウィンドウをクリックします。

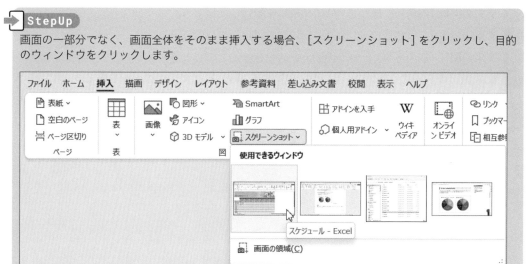

練 習 問 題

サンプル 第5章_練習問題.docx

解答 別冊6ページ

1. 文頭に [第5章] フォルダーから3Dオブジェクト「疑問符」を挿入しましょう。
2. 3Dオブジェクトの高さを32mmにし、タイトルの右へ移動しましょう。
3. 3Dオブジェクトのビューを [右上前面] へ変更しましょう。
4. SmartArtグラフィックの [ペットシーツ] の次に「トイレ」を追加しましょう。
5. SmartArtグラフィックの色を [枠線のみ-アクセント2] に設定しましょう。
6. SmartArtグラフィックの文字列の折り返しを [四角形] へ変更し、3Dオブジェクト「疑問符」の下へ移動しましょう。
7. 文末の図に [四角形、ぼかし] のスタイルを設定しましょう。
8. 文末の図に [フィルム粒子] のアート効果を設定しましょう。
9. 文末の図に「猫の写真」という代替テキストを設定しましょう。
10. 文末の図の右側に [スクロール：横] の図形を挿入し、「大切なペットを守るために」と入力しましょう。
11. 10で作成した図形の高さを「26mm」、幅を「74mm」に設定し、[光沢－オレンジ、アクセント2] のスタイルを設定しましょう。

Chapter

6

文書の共同作業の管理

6-1 コメントを追加する、管理する

6-1-1

コメントを追加する

「コメント」は文書内の任意の位置に挿入できる付箋のようなものです。入力者と入力日時が設定され、複数のユーザー間のやり取りがスレッド形式で保存されます。コメントは余白に表示されます。

Lesson 74　　　　　　　　　　　　　　サンプル▶ Lesson74.docx

表の「14」の文字列に、「前倒しして、14回目は総復習にしたいです。」というコメントを挿入しましょう。

---

1 コメントを挿入します。

❶ 表内の「14」を選択します。

❷ [校閲] タブをクリックします。

❸ [コメント] グループの [コメントの挿入] (新しいコメント) をクリックします。

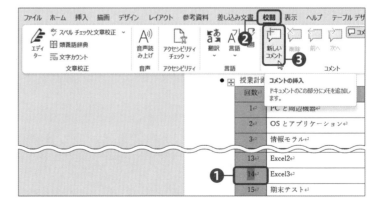

2 コメントを入力します。

❶「前倒しして、14回目は総復習にしたいです。」
と入力します。
❷ [コメントを投稿する] をクリックします。

別の方法

[コメントを投稿する] をクリックする代わりに、
[Ctrl]+[Enter] キーを押しても投稿できます。

3 結果を確認します。

❶ コメントの文字と、入力者と入力日が表示され
ます。
❷ 行末にコメントマークが表示されます。

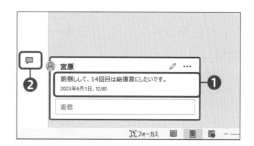

Column ユーザー名の変更

コメントにはユーザー名が表示されます。変更するには次の操作を行います。
① [ファイル] タブから [オプション] をクリックします。
② [全般] の [ユーザー名] を入力し、[OK] ボタンをクリックします。

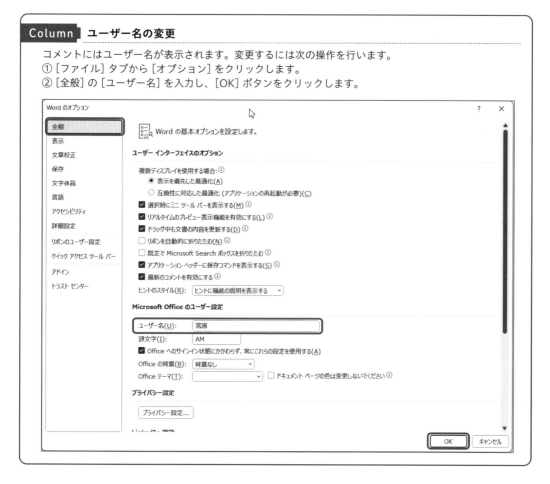

コメントを閲覧する、返答する

挿入されたコメントに、意見交換のようにスレッド形式で返信をすることができます。また、コメントは一時的に非表示にできます。

Lesson 75

サンプル Lesson75.docx

2つ目のコメントに「『日本一わかりやすい情報活用』にします。追記します。」と返信しましょう。

 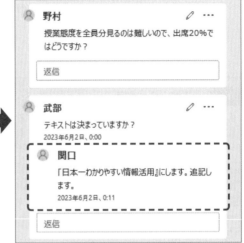

1 2つ目のコメントを表示します。

❶ カーソルが文頭にあることを確認します。

❷ [校閲] タブをクリックします。

❸ [コメント] グループの [次のコメント] (次へ) を2回クリックします。

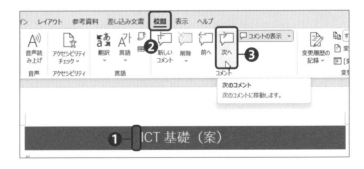

Point

[次へ] では文頭から文末に向かってコメントを探すので、カーソルを文頭に置いて [次へ] を2回クリックすることで2つ目のコメントを表示できます。

2 コメントに返信します。

❶［返信］をクリックします。

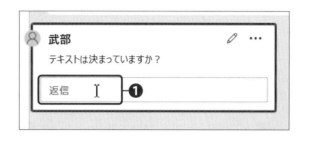

❷「『日本一わかりやすい情報活用』にします。追記します。」と入力します。
❸［コメントを投稿する］をクリックします。

3 結果を確認します。

❶ スレッド形式で返信が表示されます。

すべてのコメントをリスト形式へ変更しましょう。その後、非表示にしましょう。

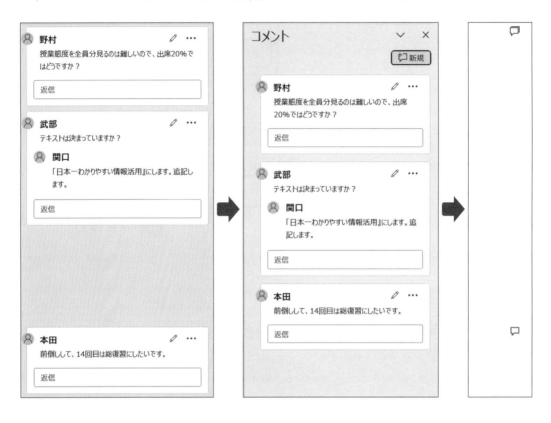

---

1 コメントをリスト形式にします。

❶ [校閲] タブをクリックします。

❷ [コメント] グループの [コメントの表示] の🔽を クリックします。

❸ [リスト] をクリックします。

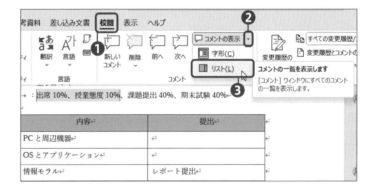

2 結果を確認します。

❶コメントの表示が「字形」から「リスト」へ変更
されます。

3 コメントを非表示にします。

❶[コメント] グループの [コメントの表示] をク
リックします。

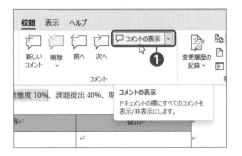

❷コメントが非表示になります。余白に 💬 が表示
されます。

コメントを解決する

「コメントの解決」とは、コメントのスレッドをそのまま残して完了状態にすることです。解決したコメントには返信できなくなります。

Lesson 77

サンプル Lesson77.docx

1つ目のコメントを解決しましょう。

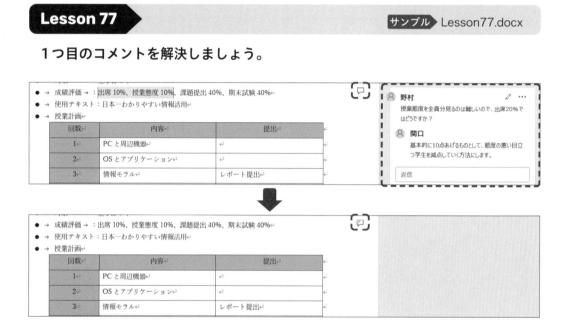

1 コメントを解決します。

❶ 1つ目のコメントの [その他のスレッド操作] をクリックします。

❷ [スレッドを解決する] をクリックします。

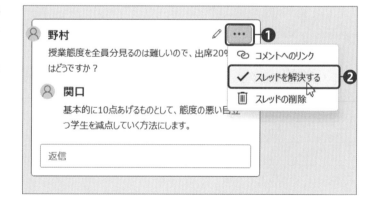

2 結果を確認します。

❶ コメントが非表示になり、文書内に ☑ が表示されます。

Column 解決済みコメントの表示

☑ をクリックすると、コメントがリスト形式で表示されます。
解決済みのコメントの上部には「☑ 解決済み」と表示されます。

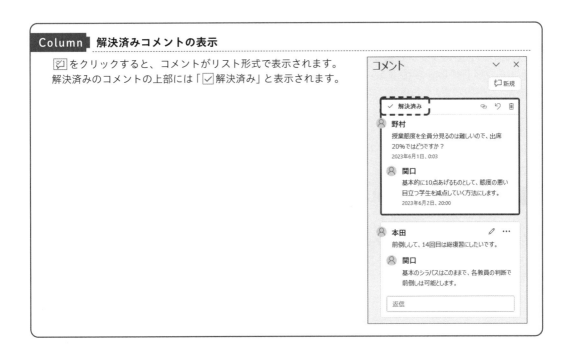

6-1-4

コメントを削除する

不要になったコメントは削除します。

Lesson 78　　　　　　　　　　　　サンプル Lesson78.docx

**コメントをリスト形式で表示し、文書内のすべてのコメントを削除しましょう。
この文書には未解決のコメントと解決済みのコメントが1つずつあります。**

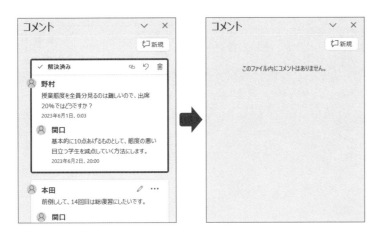

1 コメントをリスト形式で表示します。

❶ [校閲] タブをクリックします。
❷ [コメント] グループの [コメントの
表示] の ☑ クリックします。
❸ [リスト] をクリックします。

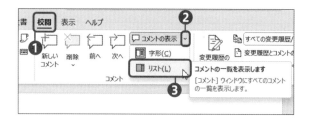

2 すべてのコメントを削除します。

❶ [コメント] グループの [コメントの
削除](削除) の [削除] をクリックします。
❷ [ドキュメント内のすべてのコメント
を削除] をクリックします。

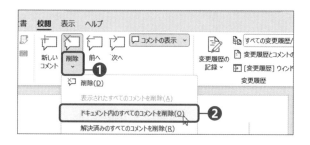

3 結果を確認します。

❶ すべてのコメントが削除されます。
❷ [閉じる] ボタンをクリックします。

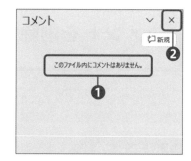

StepUp

コメントを1つずつ確認しながら削除する場合は、文頭にカー
ソルを移動し、[コメント] グループの [次のコメント](次へ)
をクリックしてから [コメントの削除] をクリックします。2
つ目以降は自動的にカーソルが移動しますので、内容を確認し
て削除する場合は [コメントの削除] をクリック、削除しない
場合は [次へ] をクリックします。
「解決済み」のコメントにジャンプしないなどの場合、コメン
トをリスト形式で表示してから [スレッドの削除] をクリック
します。

6-2 変更履歴を管理する

6-2-1 変更履歴を設定する

　「変更履歴」とは、1つの文書を複数の人が作成する際に、誰がどこを修正したのかを記録しておく機能のことです。文字の追加や削除、書式の変更などがすべて記録されます。

　大まかな作業の流れは次のとおりです。

1. Aさんが、作成した文書で変更履歴の記録を開始し、他者へ内容のチェックを依頼する
2. Bさんが修正する
3. 必要に応じて、Cさん、Dさん…が修正する
4. Aさんが、戻ってきた文書の変更履歴を終了する
5. Aさんが、他者の修正内容を確認して、[承諾] するか [元に戻す]

Lesson 79

サンプル Lesson79.docx

　変更履歴の記録を開始して、次の操作をしましょう。操作後、変更履歴を終了します。

・出席者の「阿部様」を「安部様」へ変更する
・表の最終行の「※次回のみ時間と場所が異なりますのでご注意ください。」を太字、赤字に変更する

1 変更履歴の記録を開始します。

❶ [校閲] タブをクリックします。
❷ [変更履歴] グループの [変更履歴の記録] をクリックします。

2 1つ目の変更をします。

❶ [出席者] の「阿部様」を
　削除します。
❷「安部様」を入力します。

3 2つ目の変更をします。

❶ 表の最終行の「※次回の
　み時間と場所が異なりま
　すのでご注意ください。」
　を選択します。
❷ [ホーム]タブを選択します。
❸ [フォント] グループの
　[太字] をクリックします。
❹ [フォント] グループの
　[フォントの色] の [赤]
　をクリックします。

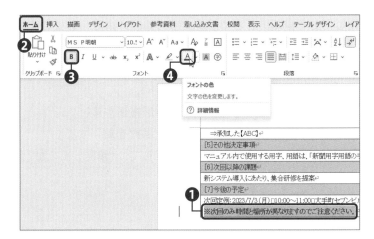

4 変更履歴の記録を終了します。

❶ [校閲] タブをクリックし
　ます。
❷ [変更履歴] グループの
　[変更履歴の記録] をク
　リックします。

　既定では、変更履歴のある行の左側に赤の縦線が表示され、文書は変更後の状態で表示されます。文書中に変更履歴を表示して、その内容を確認できます。

Lesson 80

サンプル Lesson80.docx

変更履歴を文中に表示しましょう。

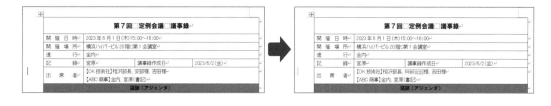

1 変更内容を文中に表示します。

❶ 変更履歴のある行の左端の □ [変更履歴を表示します。] をクリックします。

❷ グレーの線に変わり、文書中に変更された内容が表示されます。

❸ 書式を変更した場合は、欄外に表示されます。

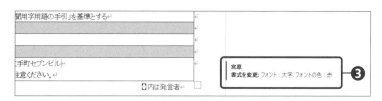

6

文書の共同作業の管理

[校閲] タブの [変更履歴] グループの [変更内容の表示] の ✓ をクリックし、[すべての変更履歴 / コメント] をクリックしても、変更内容が表示されます。

変更箇所をポイントすると、変更者と日時、変更内容が表示されます。

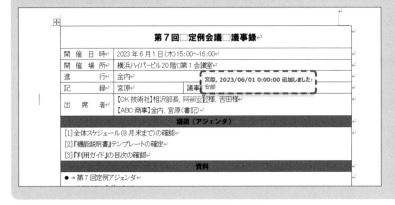

Column　変更履歴をまとめて表示する

　変更履歴をまとめて表示することもできます。
　[変更履歴] グループの [[変更履歴] ウィンドウ] の ✓ をクリックし、[縦長の [変更履歴] ウィンドウを表示] または [横長の [変更履歴] ウィンドウを表示] をクリックします。

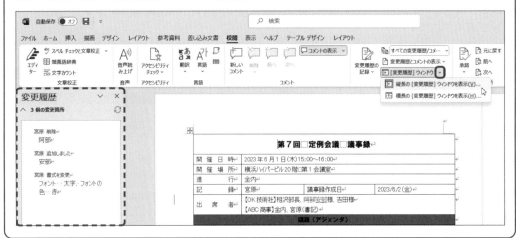

6-2-3

変更履歴を承諾する、元に戻す

他の人に記録してもらった変更履歴は、1つずつ確認しながら承諾したり、逆に変更する前に戻したりできます。それらをまとめて行うこともできます。

Lesson 81

サンプル Lesson81.docx

変更履歴を表示し、次のように承諾したり元に戻したりしましょう。

- ・1つ目：承諾（阿部を削除）
- ・2つ目：承諾（安部を入力）
- ・3つ目：元に戻す（書式を太字・赤字）

1 最初の変更履歴を承諾します。

❶ 文書中に変更履歴を表示しておきます。

❷ カーソルが文頭にあることを確認します。文頭から文末に向かって変更履歴を探しますので、カーソルは文頭に置きます。

❸ [校閲] タブをクリックします。

❹ [変更箇所] グループの [次の変更箇所] (次へ) をクリックします。

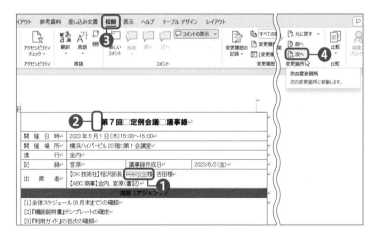

6

文書の共同作業の管理

❺最初の変更箇所にカーソルが移動するので、[承諾して次へ進む]（承諾）をクリックします。

Point

2か所目以降は、カーソルは自動的に次の変更箇所へ移動します。

2 2つ目の変更履歴を承諾します。

❶[承諾して次へ進む]（承諾）をクリックします。

3 3つ目の変更履歴を元に戻します。

❶[元に戻して次へ進む]（元に戻す）をクリックします。

4 結果を確認します。

❶ すべての変更箇所の対応が終了し、[変更箇所は
ありません]のメッセージが表示されるので
[OK]ボタンをクリックします。

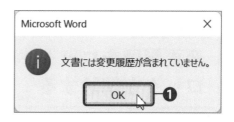

Column 変更をまとめて承諾する

[承諾]の ✓ をクリックして[すべての変更を反映]をクリックすると、一括して承諾できます。

[すべての変更を反映し、変更の記録を停止]をクリックすると、一括して承諾すると同時に記録中の変更
履歴を停止します。

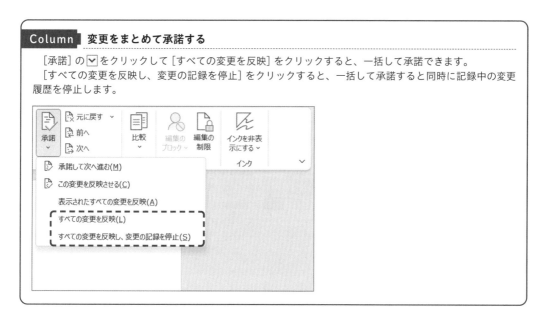

6-2-4
変更履歴をロックする、ロックを解除する

　記録した変更履歴は、不用意に削除したり、変更履歴を残さずに編集したりできないように、パスワードを設定してロックをかけることができます。必要が無くなったらロックを解除します。

Lesson 82

サンプル Lesson82.docx

変更履歴をロックしましょう。パスワードは「gihyo」にします。

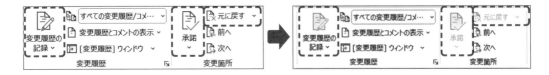

1 変更履歴をロックします。

❶[校閲] タブをクリックします。
❷[変更履歴] グループの [変更履歴の記録] の をクリックします。
❸[変更履歴のロック] をクリックします。

2 パスワードを入力します。

❶[パスワードの入力] に「gihyo」と入力します。
❷[パスワードの確認入力] に再度「gihyo」と入力します。
❸[OK] ボタンをクリックします。

3 結果を確認します。

❶ 変更履歴の記録終了、[承諾]、
[元に戻す] が使用できなくなり
ます。

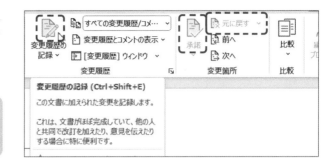

StepUp
変更履歴のロックをすると、自動的
に変更履歴がONになります。

Lesson 83

サンプル Lesson83.docx

変更履歴のロックを解除しましょう。パスワードは「gihyo」です。

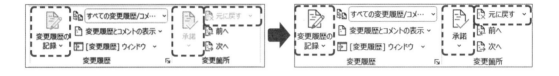

1 変更履歴のロックを解除します。

❶ [校閲] タブをクリックします。
❷ [変更履歴] グループの [変更履
歴の記録] の ■ をクリックし
ます。
❸ [変更履歴のロック] をクリック
します。

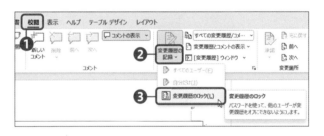

2 ロック解除のパスワードを
入力します。

❶ [パスワード] に「gihyo」を入力
します。
❷ [OK] ボタンをクリックします。

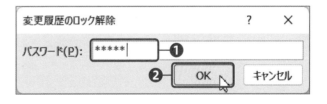

3 結果を確認します。

❶ 変更履歴の記録終了、[承諾]、
「元に戻す」が使用できるように
なります。

練習問題

サンプル 第 6 章_練習問題.docx

解答 別冊 7 ページ

1 すべての変更履歴を承諾し、変更履歴を終了しましょう。

2 コメントに「変更履歴をすべて承諾し、記録を終了しました。」という返信をしましょう。

3 コメントを解決済みにしましょう。

索 引

か

た

な

は

著者略歴
宮内明美

熊本大学大学院教授システム学修了。シンクタンク
系人材育成会社にて、さまざまな企業に向けた研修
企画、システム導入研修、教材開発などに携わる。
マイクロソフト社トレーナーアワード受賞（2012
年度、2014 年度）。現在は湘南工科大学、神田外語
学院、横浜 YMCA 学院専門学校など複数の大学と
専門学校で非常勤講師を務める。著書に『マイクロ
ソフトオフィス教科書 MOS Excel 2013 テキスト＆
問題集』『マイクロソフトオフィス教科書 MOS
Word 2013 テキスト＆問題集』（翔泳社）など多数。

● カバーデザイン　　　西垂水敦・市川さつき（krran）
● カバーイラスト　　　あわい
● DTP・本文デザイン　BUCH⁺
● アプリ制作　　　　　株式会社ドリームオンライン
● 編集　　　　　　　　向井浩太郎

ゼロから合格！
MOS Word 365
対策テキスト&問題集

2024 年 4 月 5 日　初版 第1刷発行

著　者　宮内明美
発行者　片岡 巌
発行所　株式会社技術評論社
　　　　東京都新宿区市谷左内町 21-13
　　　　電話　03-3513-6150（販売促進部）
　　　　　　　03-3513-6166（書籍編集部）
印刷／製本　図書印刷株式会社

定価はカバーに表示してあります。

ISBN978-4-297-14033-5　C3055
Printed In Japan

■お問い合わせについて
本書の内容に関するご質問は、下記の宛先までFAXまたは書面にてお送りいただくか、弊社Webサイトの質問フォームよりお送りください。お電話によるご質問、および本書に記載されている内容以外のご質問には、一切お答えできません。あらかじめご了承ください。

〒 162-0846
東京都新宿区市谷左内町 21-13
株式会社技術評論社 書籍編集部
「ゼロから合格！MOS Word 365
対策テキスト&問題集」質問係
FAX：03-3513-6183
技術評論社 Web サイト：
https://gihyo.jp/book/

なお、ご質問の際に記載いただいた個人情報は質問の返答以外の目的には使用いたしません。また、質問の返答後は速やかに削除させていただきます。

練習問題・模擬試験解答

練習問題

第1章

1 (参照先) Lesson 17

❶ [ファイル] タブをクリックします。
❷ [情報] をクリックします。
❸ [問題のチェック] をクリックします。
❹ [ドキュメント検査] をクリックします。
❺ [検査] ボタンをクリックします。
❻ [ドキュメントのプロパティと個人情報] の [すべて削除] ボタンをクリックします。
❼ [閉じる] ボタンをクリックします。
❽ ⊕ をクリックして元の画面に戻ります。

2 (参照先) Lesson 10

❶ [挿入] タブをクリックします。
❷ [ヘッダーとフッター] グループの [ヘッダー] をクリックします。
❸ [ヘッダーの編集] をクリックします。
❹ 「公衆衛生学_前期試験」と入力します。
❺ [ホーム] タブをクリックします。
❻ [段落] グループの [右揃え] をクリックします。

3 (参照先) Lesson 10

❶ [挿入] タブをクリックします。前問から続けて操作する場合は [ヘッダー/フッター] タブをクリックしても同じです。
❷ [ヘッダーとフッター] グループの [ページ番号] をクリックします。
❸ [ページの下部] をポイントし、「X/Yページ」の「太字の番号 2」をクリックします。
❹ [閉じる] グループの [ヘッダーとフッターを閉じる] をクリックします。

4 (参照先) Lesson 07

❶ [レイアウト] タブをクリックします。
❷ [ページ設定] グループの [ページの向きを設定] (印刷の向き) をクリックします。
❸ [縦] をクリックします。
❹ [ページ設定] グループの [余白の調整] (余白) をクリックします。
❺ [狭い] をクリックします。

5 (参照先) Lesson 06

❶ 1つ目の表の問題1の解答欄にある「3」を選択します。
❷ [ホーム] タブをクリックします。
❸ [フォント] グループの 🔽 をクリックします。
❹ [隠し文字] にチェックを入れます。
❺ [OK] ボタンをクリックします。
❻ 問題2の解答欄にある「2」を選択します。
❼ [F4] キーを押して繰り返します。
❽ 同様に問題3〜問題5の答えを隠し文字にします。

6 (参照先) Lesson 11

❶ [デザイン] タブをクリックします。
❷ [ページの背景] グループの [透かし] をクリックします。
❸ [透かしの削除] をクリックします。

7 (参照先) Lesson 05

❶ 2ページ目の最終行の左端にカーソルを移動します。
❷ [Delete] キーを押します。

8 　参照先 Lesson 02

❶ 2ページ28行目の「※QOLとは：」を選択します。
❷ ［挿入］タブをクリックします。
❸ ［リンク］グループの［ブックマークの挿入］（ブックマーク）をクリックします。
❹ ［ブックマーク名］に「QOL」と入力します。
❺ ［追加］ボタンをクリックします。

9 　参照先 『0-3-2 Wordのショートカットキー』）

❶ [Ctrl]キーを押しながら[Home]キーを押します。

10 　参照先 Lesson 01

❶ 1ページの表内の2つ目の項目「QOL」を選択します。
❷ ［リンク］グループの［リンク］をクリックします。
❸ ［リンク先］の［このドキュメント内］をクリックして、［ドキュメント内の場所］の「QOL」をクリックします。
❹ ［OK］ボタンをクリックします。

11 　参照先 Lesson 08

❶ 1行目を選択します。
❷ ［ホーム］タブをクリックします。
❸ ［スタイル］グループの［その他］をクリックします。
❹ ［スタイルの作成］をクリックします。
❺ ［名前］に「補足」と入力します。
❻ ［OK］ボタンをクリックします。
❼ 2ページ目28行目を選択します。
❽ ［スタイル］グループの［補足］をクリックします。

12 　参照先 Lesson 13

❶ ［ファイル］タブをクリックします。
❷ ［情報］をクリックします。
❸ ［プロパティ］をクリックします。
❹ ［詳細プロパティ］をクリックします。
❺ ［分類］に「ライフデザイン科」と入力します
❻ ［OK］ボタンをクリックします。
❼ ⬅をクリックして元の画面に戻ります。

13 　参照先 Lesson 18

❶ ［ファイル］タブをクリックします。
❷ ［情報］をクリックします。
❸ ［問題のチェック］をクリックします。
❹ ［アクセシビリティチェック］をクリックします。
❺ ［アクセシビリティ］作業ウィンドウの［代替テキストがありません］をクリックします。
❻ ［図2］の✓をクリックします。
❼ ［説明を追加］をクリックします。
❽ ［代替テキスト］に「ハート形の赤いマスク」と入力します。
❾ 作業ウィンドウを閉じます。

14 　参照先 Lesson 12

❶ [F12]キーを押します。
❷ 任意のフォルダーを選択します。
❸ ファイル名に「公衆衛生学」と入力します。
❹ ［ファイルの種類］を［PDF］に設定します。
❺ ［発行後にファイルを開く］にチェックを入れます。
❻ ［保存］ボタンをクリックします。

第2章

1 　参照先 Lesson 33

❶ カーソルを1ページの17行目に移動します。
❷ ［レイアウト］タブをクリックします。
❸ ［ページ設定］グループの［ページ/セクション区切りの挿入］（区切り）をクリックします。
❹ ［セクション区切り］の［次のページから開始］をクリックします。

2 　参照先 Lesson 33

❶ カーソルが2ページ目（2セクション）にあることを確認します。

❷ ［レイアウト］タブをクリックします。
❸ ［ページ設定］グループの［ページの向きの変更］（印刷の向き）をクリックします。
❹ ［縦］をクリックします。

3　参照先〉Lesson 23

❶ カーソルを1ページ1行目のタイトルの末尾に移動します。
❷ ［挿入］タブをクリックします。
❸ ［記号と特殊文字］グループの［記号の挿入］（記号と特殊文字）をクリックします。
❹ ［その他の記号］をクリックします。
❺ ［フォント］を［Segoe UI Symbol］に設定します。
❻ ［文字コード］に「1F3D3」を入力します。
❼ ［挿入］ボタンをクリックします。
❽ ［閉じる］ボタンをクリックします。

4　参照先〉Lesson 23

❶ 1ページ目の表内「西区ご当地はつらつ体操」の後ろにカーソルを移動します。
❷ ［挿入］タブをクリックします。
❸ ［記号と特殊文字］グループの［記号の挿入］（記号と特殊文字）をクリックします。
❹ ［その他の記号］をクリックします。
❺ ［特殊文字］タブをクリックします。
❻ ［商標］をクリックします。
❼ ［挿入］ボタンをクリックします。
❽ ［閉じる］ボタンをクリックします。

5　参照先〉Lesson 23

❶ 1ページ15行目「2023　GIHYO　スポーツ部」の前にカーソルを移動します。
❷ ［挿入］タブをクリックします。
❸ ［記号と特殊文字］グループの［記号の挿入］（記号と特殊文字）をクリックします。
❹ ［その他の記号］をクリックします。
❺ ［特殊文字］タブをクリックします。
❻ ［コピーライト］をクリックします。
❼ ［挿入］ボタンをクリックします。
❽ ［閉じる］ボタンをクリックします。

6　参照先〉Lesson 24

❶ 1ページ1行目を選択します。
❷ ［ホーム］タブをクリックします。
❸ ［フォント］グループの［文字の効果と体裁］をクリックします。
❹ ［塗りつぶし:白；輪郭:青、アクセントカラー5；影］をクリックします。

7　参照先〉Lesson 25

❶ 1ページ1行目を選択します。
❷ ［ホーム］タブをクリックします。
❸ ［クリップボード］グループの［書式のコピー/貼り付け］をクリックします。
❹ マウスポインターが 🅰️ の形状で2ページ2行目の「定期教室申込書」をドラッグします。

8　参照先〉Lesson 22

❶ 1ページの表の3列目の2行目～13行目（月曜日～土曜日）をドラッグして選択します。
❷ ［ホーム］タブをクリックします。
❸ ［編集］グループの［置換］をクリックします。
❹ ［検索する文字列］に「曜日」と入力します。
❺ ［置換後の文字列］は空欄のまま、［すべて置換］をクリックします。
❻ ［選択範囲で12個の項目を置換しました。文書の残りの部分も検索しますか？］のメッセージの［いいえ］ボタンをクリックします。
❼ ［閉じる］ボタンをクリックします。
❽ 任意の場所をクリックして選択を解除します。

9　参照先〉Lesson 22

❶ ［ホーム］タブをクリックします。
❷ ［編集］グループの［置換］をクリックします。
❸ ［検索する文字列］に「ジュニア」と入力します。
❹ ［置換後の文字列］にカーソルを移動します。
❺ ［オプション］ボタンをクリックします。
❻ ［書式］ボタンをクリックします。
❼ ［フォント］をクリックします。
❽ ［置換後の文字列］ダイアログボックスで、［フォントの色］の［緑］をクリックし、［スタイル］の［太字］をクリックします。
❾ ［OK］ボタンをクリックします。
❿ ［すべて置換］ボタンをクリックします。
⓫ ［OK］ボタンをクリックします。

⑫ ［閉じる］ボタンをクリックします。

10 (参照先) Lesson 31 ────────────

❶ 2ページ6行目を選択します。
❷ ［ホーム］タブをクリックします。

❸ ［フォント］グループの［すべての書式をクリア］をクリックします。

11 (参照先) Lesson 28 ────────────

❶ 2ページ5〜6行目を選択します。
❷ ［ホーム］タブをクリックします。

❸ ［段落］グループの［インデントを増やす］を2回クリックします。

11 (参照先) Lesson 26 ────────────

❶ 2ページ8〜19行目（表の段落すべて）を選択します。
❷ ［ホーム］タブをクリックします。

❸ ［段落］グループの［行と段落の間隔］をクリックします。
❹ ［1.5］をクリックします。

第3章

1 (参照先) Lesson 36 ────────────

❶ 4行目（「開始時間〜」）〜12行目（「14:10〜」）を選択します。
❷ ［挿入］タブをクリックします。
❸ ［表］グループの［表の追加］（表）をクリック

します。
❹ ［文字列を表にする］をクリックします。
❺ ［OK］ボタンをクリックします。

2 (参照先) Lesson 41 ────────────

❶ 1〜2列を選択します。
❷ ［レイアウト］タブをクリックします。
❸ ［セルのサイズ］グループの［列の幅の設定］

（幅）を「25」に設定します。
❹ 同様に3列目を「54」、4列目を「45」にします。

3 (参照先) Lesson 41 ────────────

❶ 表内にカーソルを移動します。
❷ ［テーブルデザイン］タブをクリックします。
❸ ［表のスタイル］グループの［その他］をクリックします。

❹ ［グリッド（表）4-アクセント6］をクリックします。
❺ ［表スタイルのオプション］グループの［最初の列］のチェックを外します。

4 (参照先) Lesson 39 ────────────

❶ 表の移動ハンドルをクリックして表全体を選択します。
❷ ［レイアウト］タブをクリックします。
❸ ［配置］グループの［セルの配置］をクリック

します。
❹ ［既定のセルの余白］の［上］と［下］をそれぞれ「1」に設定します。
❺ ［OK］ボタンをクリックします。

5 (参照先) Lesson 41 ────────────

❶ 表の移動ハンドルをクリックして表全体を選択します。
❷ ［レイアウト］タブをクリックします。
❸ ［配置］グループの［中央揃え（左）］をクリックします。

❹ 表の1行目を選択します。
❺ ［配置］グループの［中央揃え］をクリックします。
❻ 表の1〜2列目を選択します。
❼ F4 キーを押して繰り返します。

6 (参照先) Lesson 41 ────────────

❶ 2つ目の表の1〜2列目を選択します。
❷ ［レイアウト］タブをクリックします。
❸ ［セルのサイズ］グループの［幅を揃える］を

クリックします。

7 （参照先）Lesson 40

❶ 2つ目の表の3列目の3〜4行目（「招待劇団演劇」とその下のセル）の2つのセルを選択します。

❷ ［レイアウト］タブをクリックします。

❸ ［結合］グループの［セルの結合］をクリックします。

8 （参照先）Lesson 40

❶ 2つ目の表の4列目の2行目のセル内にカーソルを移動します。

❷ ［レイアウト］タブをクリックします。

❸ ［結合］グループの［セルの分割］をクリックします。

❹ ［列］を「1」に、［行］を「2」にそれぞれ設定します。

❺ ［OK］ボタンをクリックします。

❻ 分割した下のセルに「クイズ大会」と入力します。

9 （参照先）Lesson 46

❶ 23行目の「会場内でのご注意全般」の行頭カーソルを移動します。

❷ ［ホーム］タブをクリックします。

❸ ［段落］グループの［箇条書き］の▼をクリックします。

❹ ［新しい行頭文字の定義］をクリックします。

❺ ［図］をクリックします。

❻ ［ファイルから］をクリックします。

❼ ［第3章］フォルダーの［clover］をクリックします。

❽ ［挿入］ボタンをクリックします。

❾ ［OK］ボタンをクリックします。31行目の行頭文字は自動的に変更されます。

10 （参照先）Lesson 47

❶ 28行目（「ご家族・お知り合いの方に限り〜」）の行頭にカーソルを移動します。

❷ Tab キーを押します。

11 （参照先）Lesson 49

❶ 32行目の段落番号で右クリックします。

❷ ［番号の設定］をクリックします。

❸ ［開始番号］を「1」にします。

❹ ［OK］ボタンをクリックします。

第4章

1 （参照先）Lesson 50

❶ 見出し「フィッシング詐欺」の4行目「リンク先」の後ろにカーソルを移動します。

❷ ［参考資料］タブをクリックします。

❸ ［脚注］グループの［脚注の挿入］をクリックします。

❹ 脚注欄にカーソルが移動したことを確認し、「Hyperlinkをクリックしてジャンプする先のことです。」と入力します。

2 （参照先）Lesson 52

❶ ［参考資料］タブをクリックします。

❷ ［脚注］グループの⬛をクリックします。

❸ ［変換］ボタンをクリックします。

❹ ［脚注を文末脚注へ変換する］をクリックします。

❺ ［OK］ボタンをクリックします。

❻ ［閉じる］ボタンをクリックします。

3 （参照先）Lesson 52

❶ 脚注領域にカーソルを移動します。

❷ ［参考資料］タブをクリックします。

❸ ［脚注］グループの⬛をクリックします。

❹ ［番号書式］を［1, 2, 3, …］へ変更します。

❺ ［適用］ボタンをクリックします。

4 （参照先）Lesson 54

❶ 1ページ2行目（タイトルの次の行）にカーソルを移動します。

❷ ［参考資料］タブをクリックします。

❸ ［目次］グループの［目次］をクリックします。

❹ ［ユーザー設定の目次］をクリックします。

❺ ［書式］を［モダン］にします。

❻ [ページ番号を表示する] のチェックを外します。

❼ [アウトラインレベル] を「1」にします。

❽ [OK] ボタンをクリックします。

第 5 章

1 参照先〉Lesson 72 ―――――――――

❶ 文頭にカーソルがあることを確認します。

❷ [挿入] タブをクリックします。

❸ [図] グループの [3D モデル] の ∨ をクリックします。

❹ [このデバイス] をクリックします。

❺ [第 5 章] フォルダーに移動します。

❻ 「疑問符」をクリックします。

❼ [挿入] ボタンをクリックします。

2 参照先〉Lesson 72 ―――――――――

❶ 3D モデルを選択します。

❷ [3D モデル] タブをクリックします。

❸ [サイズ] グループの [図形の高さ] を「32」

にします。

❹ タイトルの右へドラッグします。

3 参照先〉Lesson 72 ―――――――――

❶ 3D モデルを選択します。

❷ [3D モデル] タブをクリックします。

❸ [3D モデルビュー] グループの [その他] をク

リックします。

❹ [右上前面] をクリックします。

4 参照先〉Lesson 69 ―――――――――

❶ SmartArt グラフィックを選択します。

❷ テキストウィンドウの「ペットシーツ」の後ろにカーソルを移動します。

❸ Enter キーを押します。

❹ 「トイレ」と入力します。

5 参照先〉Lesson 70 ―――――――――

❶ SmartArt グラフィックを選択します。

❷ [SmartArt のデザイン] タブをクリックします。

❸ [SmartArt のスタイル] グループの [色の変更] をクリックします。

❹ [枠線のみ - アクセント 2] をクリックします。

6 参照先〉Lesson 65 ―――――――――

❶ SmartArt グラフィックを選択します。

❷ [レイアウトオプション] をクリックします。

❸ [四角形] をクリックします。

❹ 外枠線をドラッグし、3D オブジェクト「疑問符」の下へ移動します。

7 参照先〉Lesson 64 ―――――――――

❶ 文末の図を選択します。

❷ [図の形式] タブをクリックします。

❸ [図のスタイル] グループの [その他]をクリ

クします。

❹ [四角形、ぼかし] をクリックします。

8 参照先〉Lesson 63 ―――――――――

❶ 文末の図を選択します。

❷ [図の形式] タブをクリックします。

❸ [調整] グループの [アート効果] をクリック

します。

❹ [フィルム粒子] をクリックします。

9 参照先〉Lesson 67 ―――――――――

❶ 文末の図を右クリックします。

❷ [代替テキストを表示] をクリックします。

❸ [代替テキスト] 作業ウィンドウに「猫の写真」と入力します。

❹ [代替テキスト] 作業ウィンドウを閉じます。

10 参照先 Lesson 55、Lesson 56

❶ [挿入] タブをクリックします。
❷ [図] グループの [図形の作成] (図形) をクリックします。

❸ [星とリボン] の [スクロール：横] をクリックします。
❹ 図の右側をドラッグして図形を作成します。
❺ 「大切なペットを守るために」と入力します。

11 参照先 Lesson 55、Lesson 57

❶ 図形を選択します。
❷ [図形の書式] タブをクリックします。
❸ [サイズ] グループの [図形の高さ] を「26」に設定します。
❹ [サイズ] グループの [図形の幅] を「74」に

設定します。
❺ [図形のスタイル] グループの [その他] をクリックします。
❻ [光沢－オレンジ、アクセント 2] をクリックします。

第 6 章

1 参照先 Lesson 81

❶ [校閲] タブをクリックします。
❷ [変更箇所] グループの [承諾] の ✓ をクリックします。

❸ [すべての変更を反映し、変更の記録を停止] をクリックします。

2 参照先 Lesson 75

❶ コメントの [返信] をクリックします。
❷ 「変更履歴をすべて承諾し、記録を終了しまし

た。」と入力します。
❸ [返信を投稿する] をクリックします。

3 参照先 Lesson 77

❶ コメントの [その他のスレッド操作] をクリックします。

❷ [コメントを解決する] をクリックします。

第 1 回 模 擬 試 験

プロジェクト1

1

❶ [ホーム] タブをクリックします。
❷ [編集] グループの [置換] をクリックします。
❸ [検索する文字列] に「選抜」と入力します。
❹ [置換後の文字列] に「選抜試験」と入力します。

❺ [すべて置換] をクリックします。
❻ [OK] ボタンをクリックします。
❼ [検索と置換] ダイアログボックスを閉じます。
❽ 文字が置換されます。

2

❶ 「Step1」を選択します。
❷ [ホーム] タブをクリックします。
❸ [クリップボード] グループの [書式のコピー/貼り付け] をダブルクリックします。
❹ 「Step2」をドラッグします。

❺ 同様に「Step3」～「Step5」をドラッグします。
❻ 再度 [書式のコピー/貼り付け] をクリックするか、Esc キーを押して終了します。
❼ 「Step1」の書式が「Step2」～「Step5」にコピーされます。

3

❶ 表内にカーソルを移動します。
❷ (右端の) [レイアウト] タブをクリックします。

❸ [データ] グループの [表の解除] をクリックします。

❹ ［文字列の区切り］を［タブ］にします。
❺ ［OK］ボタンをクリックします。

❻ 表がタブ区切りの文字列に変換されます。

4

❶ 「メールアドレス」の前にカーソルを移動します。
❷ ［挿入］タブをクリックします。
❸ ［図］グループの［アイコンの挿入］（アイコン）をクリックします。
❹ 検索ボックスに「メール」と入力します。
❺ 任意のアイコンをクリックします。

❻ ［挿入］ボタンをクリックします。
❼ ［グラフィックス形式］タブをクリックします。
❽ ［サイズ］グループの［図形の高さ］を「13」に設定します。
❾ メールのアイコンが挿入され、サイズが変更されます。

5

❶ Step2の内容（15行目〜16行目）を選択します。
❷ ［Ctrl］キーを押しながらStep3の内容（19行目〜20行目）を選択します。同様に［Ctrl］キーを押しながらStep4の内容とStep5の内容を選択します。

❸ ［ホーム］タブをクリックします。
❹ ［段落］グループの［インデントを増やす］を1回クリックします。
❺ Step2〜Step5の内容に左インデント1が設定されます。

6

❶ 「Step5」の「5.推薦書」の5.を右クリックします。
❷ ［1から再開］をクリックします。

❸ 箇条書きの番号が1から振り直されます。

プロジェクト2

1

❶ ［レイアウト］タブをクリックします。
❷ ［ページ設定］グループの［余白の調整］（余白）をクリックします。
❸ ［ユーザー設定の余白］をクリックします。

❹ 上下左右の余白に「20」を設定します。
❺ ［OK］ボタンをクリックします。
❻ 上下左右の余白が変更されます。

2

❶ 「健康診断が終了した方へのお知らせ」の行にカーソルを移動します。
❷ ［ホーム］タブをクリックします。
❸ ［スタイル］グループの［見出し1］をクリックします。
❹ 「「自覚症状有り」のデータ」を選択します。
❺ ［Ctrl］キーを押しながら、「「肩こり」とは」を

選択します。
❻ 同様に［Ctrl］キーを押しながら、「痛みの悪循環」、「自分でできる対策」を選択します。
❼ ［スタイル］グループの［見出し2］をクリックします。
❽ 見出しスタイルが設定されます。

3

❶ 表の1列目にカーソルを移動します。
❷ ［レイアウト］タブをクリックします。
❸ ［セルのサイズ］グループの［列の幅の設定］を「40」に設定します。
❹ 表の2列目にカーソルを移動します。
❺ ［セルのサイズ］グループの［列の幅の設定］を「30」に設定します。
❻ 同様に、3列目の列幅を「40」、4列目の列幅

を「30」に設定します。
❼ 表の2列目2行目〜6行目を選択します。
❽ ［Ctrl］キーを押しながら、4列目2行目〜6行目を選択します。
❾ ［ホーム］タブをクリックします。
❿ ［段落］グループの［右揃え］をクリックします。
⓫ 表の列幅が変更され、％のデータが右揃えされます。

❶ 表の1行目の1列目と2列目を選択します。
❷ [レイアウト] タブをクリックします。
❸ [結合] グループの [セルの結合] をクリックします。

❹ 1行目の3列目と4列目を選択します。
❺ [F4] キーを押します。
❻ セルが結合されます。

5

❶ 「痛みの悪循環」の SmartArt グラフィックを選択します。
❷ テキストウィンドウを表示します。
❸ 「ストレス」の後ろで [Enter] キーを押します。
❹ 「血流の低下」と入力します。
❺ [SmartArt のデザイン] タブをクリックします。

❻ [SmartArt のスタイル] グループの [色の変更] をクリックします。
❼ [カラフル - アクセント5から6] をクリックします。
❽ SmartArt グラフィックに図形が追加され、色が変更されます。

6

❶ 文末の下から2行目「正しい姿勢を心がける」の左端にカーソルを移動します。

❷ [Shift] キーを押しながら [Tab] キーを押します。
❸ レベル上がります。

プロジェクト3

1

❶ [挿入] タブをクリックします。
❷ [ヘッダーとフッター] グループの [ヘッダーの追加] をクリックします。
❸ [ファセット (奇数ページ)] をクリックします。

❹ [ヘッダーとフッター] タブをクリックします。
❺ [閉じる] グループの [ヘッダーとフッターを閉じる] をクリックします。
❻ ヘッダーが表示されます。

2

❶ [デザイン] タブをクリックします。
❷ [ドキュメントの書式設定] グループの [線

(シンプル)] をクリックします。
❸ スタイルセットが設定されます。

3

❶ 1行目にカーソルを移動します。
❷ [ホーム] タブをクリックします。
❸ [段落] グループの [行と段落の間隔] をク

リックします。
❹ [段落前の間隔を削除] をクリックします。
❺ 段落前の間隔が削除されます。

4

❶ 表の1列目にカーソルを移動します。
❷ [レイアウト] タブをクリックします。
❸ [セルのサイズ] グループの [列の幅の設定]

を「20」に設定します。
❹ 同様に、表の2列目を「130」に設定します。
❺ 表の列幅が変更されます。

5

❶ 表の「震度」の「1」の行にカーソルを移動します。
❷ [レイアウト] タブをクリックします。
❸ [行と列] グループの [上に行を挿入] をクリックします。
❹ 表の2行目1列目に「0」、2行目2列目に「揺

れを感じない」と入力します。
❺ 表全体を選択します。
❻ [セルのサイズ] グループの [行の高さの設定] に「8」を設定します。
❼ 表に1行追加され、セルの高さが変更されます。

6

❶ SmartArt グラフィックを選択します。

❷ [SmartArt のデザイン] タブをクリックします。

❸ ［レイアウト］グループの［その他］をクリックします。
❹ ［その他のレイアウト］をクリックします。
❺ ［基本の循環］をクリックします。

❻ ［OK］ボタンをクリックします。
❼ ［SmartArtのスタイル］グループの［グラデーション］をクリックします。
❽ SmartArtグラフィックが変更されます。

7

❶ ［デザイン］タブをクリックします。
❷ ［ページの背景］グループの［透かし］をクリックします。

❸ ［透かしの削除］をクリックします。
❹ 透かしが削除されます。

プロジェクト4

1

❶ 10〜18行目を選択します。
❷ ［挿入］タブをクリックします。
❸ ［表］グループの［表の追加］（表）をクリックします。

❹ ［文字列を表にする］をクリックします。
❺ ［文字列の幅に合わせる］を選択します。
❻ ［OK］ボタンをクリックします。
❼ 文字列が表に変換されます。

2

❶ 表内にカーソルを移動します。
❷ ［レイアウト］タブをクリックします。
❸ ［データ］グループの［並べ替え］をクリックします。

❹ ［最優先されるキー］を［年］にします。
❺ ［降順］を選択します。
❻ ［OK］ボタンをクリックします。
❼ ［年］の長い順に並べ替わります。

3

❶ ［挿入］タブをクリックします。
❷ ［図］グループの［図形の作成］（図形）をクリックします。
❸ ［基本図形］の［円柱］をクリックします。
❹ 「こんなに違う〜スポーツの延命効果」の「バドミントン」の上の枠内をドラッグして円柱を作成します。

❺ ［図形の書式］タブをクリックします。
❻ ［サイズ］グループの［図形の高さ］を「29mm」、［図形の幅］を「16mm」にします。
❼ 図形が選択された状態で「6.2年」と入力します。
❽ 作成された図形に文字列が表示されます。

4

❶ 「フィットネス」の図形をクリックします。
❷ ［Shift］キーを押しながら「サッカー」、「バドミントン」、「テニス」の図形をクリックします。
❸ ［図形の書式］タブをクリックします。
❹ ［配置］グループの［オブジェクトの配置］（配置）をクリックします。
❺ ［下揃え］をクリックします。
❻ 再度、［配置］グループの［オブジェクトの配置］をクリックします。
❼ ［左右に整列］をクリックします。
❽ 図形が下揃え、左右に整列されます。

5

❶ ［参考資料］タブをクリックします（図形が選択されている場合は、選択を解除します）。
❷ ［脚注］グループの［脚注と文末脚注］をクリックします。

❸ ［書式番号］を［①，②，③…］にします。
❹ ［適用］ボタンをクリックします。
❺ 脚注記号が「①、②、③」へ変更されます。

6

❶ ［ファイル］タブをクリックします。
❷ ［情報］をクリックします。
❸ ［問題のチェック］をクリックします。

❹ ［ドキュメント検査］をクリックします。
❺ ［検査］ボタンをクリックします。保存のメッセージが表示された場合は、［いいえ］をク

リックします。

⑥ [非表示の内容] の [すべて削除] をクリックします。

⑦ [閉じる] ボタンをクリックします。

⑧ Esc キーを押して元の画面に戻ります。

7

① F12 キーを押します。

② 保存先を [設問] フォルダーに変更します。

③ [ファイル名] に「テニスポスター」と入力し、[ファイルの種類] を「PDF」に変更します。

④ [発行後にファイルを開く] のチェックを外します。

⑤ [保存] ボタンをクリックします。

プロジェクト 5

1

① [校閲] タブをクリックします。

② [変更箇所] グループの [承諾] の▼をクリックします。

③ [すべての変更を反映し、変更の履歴を停止]

をクリックします。

④ すべての変更履歴の変更が反映され、記録が終了します。

2

① 「1. コンピューターの5大装置」内の「入力装置」を選択します。

② Ctrl キーを押しながら「出力装置」、「記憶装置」、「演算装置」、「制御装置」をそれぞれ選択します。

③ [ホーム] タブをクリックします。

④ [段落] グループの [段落番号] の▼をクリックします。

⑤ [(1)、(2)、(3)] をクリックします。

⑥ 段落番号が設定されます。

3

① Ctrl キーを押しながら Home キーを押して文頭にカーソルを移動します。

② [校閲] タブをクリックします。

③ [コメント] グループの [次のコメント] (次へ) をクリックします。

④ [返信] に「法律上は現在でも使われていますので、このままとします。」と入力します。

⑤ [返信を投稿する] をクリックします。

⑥ コメントの返信が投稿されます。

4

① [挿入] タブをクリックします。

② [ヘッダーとフッター] グループの [ページ番号の追加] (ページ番号) をクリックします。

③ [ページの下部] をポイントし、[ページ番号2] をクリックします。

④ [ヘッダーとフッター] タブをクリックします。

⑤ [閉じる] グループの [ヘッダーとフッターを閉じる] をクリックします。

⑥ ページ番号が挿入されます。

5

① 「2. コンピューターのソフトウェア」の「コンピューター」の前にカーソルを移動します。

② Ctrl キーを押しながら Enter キーを押します。

③ 改ページが挿入されます。

6

① タイトルの下の図形内をクリックし、カーソルを表示します。

② [参考資料] タブをクリックします。

③ [目次] グループの [目次] をクリックします。

④ [自動作成の目次1] をクリックします。

⑤ 目次が挿入されます。

1

❶ ［ファイル］タブをクリックします。
❷ ［情報］をクリックします。
❸ ［変換］をクリックします。

❹ ［OK］ボタンをクリックします。
❺ タイトルバーの［互換モード］がなくなります。

2

❶ 上の画像を選択します。
❷ ［図の形式］タブをクリックします。
❸ ［調整］グループの［アート効果］をクリック

します。
❹ ［パステル：滑らか］をクリックします。
❺ 画像に効果が設定されます。

3

❶ 下の画像を右クリックします。
❷ ［代替テキストを表示］をクリックします。

❸ 「階段に座る猫の写真」と入力します。
❹ ［代替テキスト］作業ウィンドウを閉じます。

第2回模擬試験

1

❶ 「地震への備え」の段落を選択します。
❷ Ctrl キーを押しながら「地震が発生したら」の段落を選択します。
❸ ［レイアウト］タブをクリックします。

❹ ［段落］グループの［後の間隔］（後）を［1行］に設定します。
❺ 段落の後の間隔が変更されます。

2

❶ ［デザイン］タブをクリックします。
❷ ［ページの背景］グループの［透かし］をクリックします。
❸ ［ユーザー設定の透かし］をクリックします。
❹ ［テキスト］をクリックします。

❺ ［テキスト］に「保存版」と入力します。
❻ ［レイアウト］の［対角線上］をクリックします。
❼ ［OK］ボタンをクリックします。
❽ 文書に透かしが設定されます。

3

❶ 表の「職場用」の行にカーソルを移動します。
❷ ［レイアウト］タブをクリックします。
❸ ［結合］グループの「表の分割］をクリックします。
❹ 1つ目の表の1行目1列目～4列目を選択します。
❺ ［レイアウト］タブをクリックします。

❻ ［結合］グループの［セルの結合］をクリックします。
❼ 2つ目の表の1行目1列目～4列目を選択します。
❽ F4 キーを押して繰り返します。
❾ セルが結合されます。

4

❶ ［デザイン］タブをクリックします。
❷ ［ドキュメントの書式設定］グループの［白黒

（クラシック）］をクリックします。
❸ 文書にスタイルセットが設定されます。

5

❶ ［ホーム］タブをクリックします。
❷ ［編集］グループの［検索］をクリックします。

❸ ［ナビゲーション］の［検索］ボックスに「災害用伝言ダイヤル」と入力します。

❹ ［参考資料］タブをクリックします。

❺ ［脚注］グループの［脚注の挿入］をクリックします。

❻ 脚注文字に「固定電話・携帯電話共通で「171」です。」と入力します。

❼ ナビゲーションウィンドウを閉じます。

6

❶ 「地震が発生したら」の項目「◆地震発生直後◆」を選択します。

❷ ［ホーム］タブをクリックします。

❸ ［クリップボード］グループの［書式のコピー／貼り付け］をダブルクリックします。

❹ 「◆発生から数時間以内◆」をドラッグします。

❺ 同様に「◆発生から数日間◆」をドラッグします。

❻ ［書式のコピー／貼り付け］をクリックして終了します。

❼ 書式が2か所にコピーされます。

プロジェクト2

1

❶ 文頭にカーソルがあることを確認します。

❷ ［校閲］タブをクリックします。

❸ ［変更箇所］グループの［次の変更箇所］（次へ）をクリックします。

❹ 最初の変更箇所へジャンプしたことを確認し、［承諾して次へ進む］（承諾）をクリックします。

❺ 次の変更箇所へジャンプしたことを確認し、［元に戻して次へ進む］（元に戻す）をクリックします。

❻ 次の変更箇所へジャンプしたことを確認し、［承諾して次へ進む］（承諾）をクリックします。

❼ ［OK］ボタンをクリックします。

❽ 変更の履歴が反映されます。

2

❶ ［挿入］タブをクリックします。

❷ ［ヘッダーとフッター］グループの［ページ番号の追加］（ページ番号）をクリックします。

❸ ［ページの下部］をポイントし、［細い線］をクリックします。

❹ ［ヘッダーとフッター］タブをクリックします。

❺ ［閉じる］グループの［ヘッダーとフッターを閉じる］をクリックします。

3

❶ 「1. 退職手当の定めが適用される〜」の「1.」で右クリックします。

❷ ［自動的に番号を振る］をクリックします。

❸ 番号が前の項目からの連続になります。

4

❶ Ctrl キーを押しながら End キーを押して文末にジャンプします。

❷ ［挿入］タブをクリックします。

❸ ［表］グループの［表の追加］（表）をクリックします。

❹ 3行×3列でクリックします。

❺ 1行目2列目に「振替休日」、1行目3列目に「代休」と入力します。

❻ 2行目1列目に「内容」、2行目2列目に「あらかじめ休日と定められていた日を労働日とし、そのかわりに他の労働日を休日とすること」、2行目3列目に「休日労働が行われた場合に、その代償として以後の特定の労働日を休みとするものであって、前もって休日を振り替えたことにはならない」と入力します。

❼ 3行目1列目に「賃金の発生」、3行目2列目に「発生しない」、3行目3列目に「休日労働分の割増賃金を支払う必要がある」と入力します。

5

❶ 表全体を選択します。

❷ ［レイアウト］タブをクリックします。

❸ ［配置］グループの［セルの配置］をクリックします。

❹ 上下左右の余白に「0」を設定します。

❺ ［OK］ボタンをクリックします。

❻ 表の上下左右の余白が0になります。

6

❶ 表の1列目と2列目の境界線でダブルクリックします。
❷ 表の3列目の右端境界線でダブルクリックします。
❸ 表の2列目と3列目を選択します。

❹ ［レイアウト］タブをクリックします。
❺ ［セルのサイズ］グループの［幅を揃える］をクリックします。
❻ 2列目と3列目の同じ列幅になります。

7

❶ ［挿入］タブをクリックします
❷ ［図］グループの［図形の作成］（図形）をクリックします。
❸ ［フレーム（半分）］をクリックします。
❹ ページの左上をドラッグします。
❺ ［図形の書式］タブをクリックします。
❻ ［サイズ］グループの［図形の高さ］に「29」、

［図形の幅］に「29」を設定します。
❼ 文字と重なる場合は移動します。
❽ ［図形のスタイル］グループの［図形の効果］をクリックします。
❾ ［反射］をポイントし、［反射（中）：8Pt オフセット］をクリックします。
❿ 図形にスタイルが設定されます。

8

❶ ［ホーム］タブをクリックします。
❷ ［編集］グループの［検索］の▼をクリックします。
❸ ［ジャンプ］をクリックします。
❹ ［移動先］を［ブックマーク］を設定します。
❺ ［ブックマーク名］に「Q＆A」が表示されてい

ることを確認します。
❻ ［ジャンプ］ボタンをクリックします。
❼ ブックマークへジャンプします。
❽ ［検索と置換］ダイアログボックスの［閉じる］ボタンをクリックします。

プロジェクト3

1

❶ ワードアート「山の手南公園情報」を選択します。
❷ ［レイアウトオプション］をクリックします。

❸ ［上下］をクリックします。
❹ 文字列の折り返しが変更されます。

2

❶ 「☆お花カレンダー」を選択します。
❷ ［ホーム］タブをクリックします。
❸ ［クリップボード］グループの［書式のコピー

/貼り付け］をクリックします。
❹ 「☆地図」をドラッグします。
❺ 書式がコピーされます。

3

❶ 「☆お花カレンダー」のコキアの矢印を選択します。
❷ ［図形の書式］タブをクリックします。

❸ ［図形のスタイル］グループの［光沢-オレンジ、アクセント2］をクリックします。
❹ 図形にスタイルが設定されます。

4

❶ 「☆地図」の下の行にカーソルを移動します。
❷ ［挿入］タブをクリックします。
❸ ［図］グループの［画像を挿入します］（画像）をクリックします。
❹ ［ファイルから］（このデバイス）をクリックします。
❺ ［素材］フォルダーの画像「地図」を選択しま

す。
❻ ［挿入］ボタンをクリックします。
❼ ［図形の書式］タブをクリックします。
❽ ［図形のサイズ］グループの［図形の幅］を「94」に設定します。
❾ 図形が挿入され、サイズが変更されます。

❶ [挿入] タブをクリックします。
❷ [図] グループの [図形の作成] (図形) をクリックします。
❸ [テキストボックス] をクリックします。
❹ 電車のイラストの上部をドラッグします。
❺ 「山の手南駅」と入力します。

❻ [図形の書式] タブをクリックします。
❼ [図形のスタイル] グループの [図形の枠線] をクリックします。
❽ [枠線なし] をクリックします。
❾ 枠線のないテキストボックスが挿入されます。

❶ [挿入] タブをクリックします。
❷ [図] グループの [図形の作成] (図形) をクリックします。
❸ [リボン：カーブして上方向に曲がる] をクリックします。
❹ 地図の右下をドラッグします。
❺ 「Welcome！」と入力します。

❻ [図形の書式] タブをクリックします。
❼ [図形のサイズ] グループの [図形の高さ] を「35」に [図形の幅] を「78」に設定します。
❽ [図形のスタイル] グループの [パステル-青、アクセント 5] をクリックします。
❾ 図形が挿入され、書式が設定されます。

プロジェクト4

❶ 1行目を選択します。
❷ [ホーム] タブをクリックします。
❸ [フォント] グループの [文字の効果と体裁] をクリックします。

❹ [塗りつぶし：ゴールド、アクセントカラー4；面取り (ソフト)] をクリックします。
❺ 文字列に文字の効果が設定されます。

❶ 左の写真を選択します。
❷ [図の形式] タブをクリックします。
❸ [調整] グループの [アート効果] をクリックします。
❹ [カットアウト] をクリックします。
❺ [図のスタイル] グループの [シンプルな枠-白] をクリックします。

❻ 右の写真を選択します。
❼ [図のスタイル] グループの [図の効果] をクリックします。
❽ [光彩] をポイントし、[光彩：18 Pt; オレンジ、アクセント カラー2] をクリックします。
❾ 写真に効果が設定されます。

❶ 5行目「人工池には〜」から7行目「池の形は〜」の3つの段落を選択します。
❷ [ホーム] タブをクリックします。
❸ [段落] グループの [段落番号] の▼をクリッ

クします。
❹ 「1．2．3.」をクリックします。
❺ 段落番号が設定されます。

❶ 文末の「荒川自然公園」を選択します。
❷ [ホーム] タブをクリックします。
❸ [フォント] グループのダイアログボックス起動ツールをクリックします。
❹ [隠し文字] にチェックを入れます。

❺ [OK] ボタンをクリックします。
❻ [段落] グループの [編集記号の表示/非表示] をクリックします。
❼ 隠し文字が確認できます。

❶ [デザイン] タブをクリックします。
❷ [ページの背景] グループの [罫線と網掛け] (ページ罫線) をクリックします。

❸ [種類] の上から9つ目を選択します。
❹ [色] を [オレンジ、アクセント 2] に設定します。

❺ ［太さ］を［4.5］に設定します。
❻ ［OK］ボタンをクリックします。

❼ ページ罫線が設定されます。

❶ ［ファイル］タブをクリックします。
❷ ［オプション］をクリックします。
❸ ［表示］をクリックします。

❹ ［背景の色とイメージを印刷する］にチェックを入れます。
❺ ［OK］ボタンをクリックします。

プロジェクト5

❶ ［ホーム］タブをクリックします。
❷ ［編集］グループの［検索］をクリックします。
❸ ［ナビゲーションウィンドウ］の［文書の検索］に「お誕生日特別メニュー」と入力します。
❹ 検索されたことを確認します。
❺ ［挿入］タブをクリックします。

❻ ［リンク］グループの［ブックマークの挿入］（ブックマーク）をクリックします。
❼ ［ブックマーク名］に「お誕生日」と入力します。
❽ ［追加］ボタンをクリックします。
❾ ナビゲーションウィンドウを閉じます。

❶ 4ページ目にカーソルを移動します。
❷ ［レイアウト］タブをクリックします。
❸ ［ページ設定］グループのダイアログボックス起動ツールをクリックします。
❹ ［用紙］タブをクリックします。
❺ ［A4］が設定されていることを確認します。

❻ ［余白］タブをクリックします。
❼ 上下左右の余白をすべて「20」に設定します。
❽ ［印刷の向き］を「縦」にします。
❾ ［OK］ボタンをクリックします。
❿ ページ設定が変更されます。

❶ 献立表の1行目にカーソルを移動します。
❷ ［レイアウト］タブをクリックします。

❸ ［データ］グループの［タイトル行の繰り返し］をクリックします。

❶ ［ファイル］タブをクリックします。
❷ ［情報］をクリックします。
❸ ［問題のチェック］をクリックします。
❹ ［ドキュメント検査］をクリックします。
❺ メッセージが表示された場合は、［はい］ボタンをクリックします。

❻ ［インク］にチェックを入れます。
❼ ［検査］ボタンをクリックします。
❽ ［インク］の［すべて削除］をクリックします。
❾ ［閉じる］ボタンをクリックします。
❿ Esc キーを押して元の画面に戻ります。

❶ ［挿入］タブをクリックします。
❷ ［ヘッダーとフッター］グループの［フッターの追加］（フッター）をクリックします。
❸ ［金線細工］をクリックします。

❹ ［ヘッダーとフッター］タブをクリックします。
❺ ［閉じる］グループの［ヘッダーとフッターを閉じる］をクリックします。
❻ フッターが挿入されます。

❶ ［ホーム］タブをクリックします。
❷ ［編集］グループの［検索］の▼クリックします。
❸ ［ジャンプ］をクリックします。
❹ ［移動先］の［ブックマーク］をクリックします。
❺ ［ブックマーク名］が［お誕生日］になってい

ることを確認します。
❻ ［ジャンプ］をクリックします。
❼ ［検索と置換］ダイアログボックスの［閉じる］ボタンをクリックします。
❽ ジャンプした先の、日付の下の行にカーソルを移動します。

⑨ [挿入] タブをクリックします。

⑩ [図] グループの [アイコンの挿入] (アイコン) をクリックします。

⑪ [検索] ボックスに「ケーキ」と入力します。

⑫ 検索された結果から任意のアイコンをクリックします。

⑬ [挿入] ボタンをクリックします。

⑭ アイコンが挿入されます。

プロジェクト6

1

❶ [ホーム] タブをクリックします。

❷ [編集] グループの [置換] をクリックします。

❸ [検索する文字列] に「センチ」と入力します。

❹ [置換後の文字列] に「cm」と入力します。

❺ [すべて置換] をクリックします。

❻ メッセージの [OK] ボタンをクリックします。

❼ 文字列が置換されます。

❽ [検索と置換] ダイアログボックスの [閉じる] ボタンをクリックします。

2

❶ 表の「地区」と右隣のセルを選択します。

❷ [レイアウト] タブをクリックします。

❸ [結合] グループの [セルの結合] をクリックします。

❹ 「東京23区」と右のセルを選択します。

❺ F4 キーを押します。

❻ 同様に、「多摩南部」と右のセル、「多摩北部」と右のセル、「多摩西部」と右のセル、「埼玉県」と下のセル、「千葉県」と右のセルを結合します。

3

❶ コメントの [返信] に「そのままで良いです。」と入力します。

❷ [返信を投稿する] をクリックします。

❸ [その他のスレッド操作] をクリックします。

❹ [スレッドを解決する] をクリックします。

❺ コメントが解決されます。

4

❶ 19行目「雪道を歩く〜」から31行目「〜駅の出入り口」までを選択します。

❷ [レイアウト] タブをクリックします。

❸ [ページ設定] グループの [段の追加または削除] (段組み) をクリックします。

❹ [2段] をクリックします。

❺ 「滑りやすいのは〜」の行頭にカーソルを移動します。

❻ [ページ設定] グループの [ページ/セクション区切りの挿入] (区切り) をクリックします。

❼ [段区切り] をクリックします。

❽ 2段組みが設定され、任意の位置で改段されます。

5

❶ 長靴の図を選択します。

❷ [図の形式] タブをクリックします。

❸ [調整] グループの [背景の削除] をクリックします。

❹ [保持する領域としてマーク] をクリックします。

❺ 長靴の輪郭をなぞるようにドラッグします。

❻ [背景の削除を終了して、変更を保持する] (変更を保持) をクリックします。必要があれば❹〜❺を繰り返します。

❼ 背景が削除されます。

第3回模擬試験

プロジェクト1

1

❶ 1つ目の表の1列目にカーソルを移動します。
❷ [レイアウト] タブをクリックします。
❸ [データ] グループの [並べ替え] をクリックします。
❹ [最優先されるキー] を [月] に設定します。
❺ [昇順] をオンに設定します。
❻ [OK] ボタンをクリックします。
❼ 月の小さい順に並べ替わります。

2

❶ 1つ目の表内にカーソルを移動します。
❷ [レイアウト] タブをクリックします。
❸ [配置] グループの [セルの配置] をクリックします。
❹ [セルの間隔を指定する] にチェックを入れます。
❺ 「0.2」と入力します。
❻ [OK] ボタンをクリックします。
❼ セルの間隔が変更されます。

3

❶ 1行目のタイトルを選択します。
❷ [ホーム] タブをクリックします。
❸ [フォント] グループの [文字の効果と体裁] をクリックします。
❹ [光彩] をポイントし、[光彩：11pt；緑、アクセントカラー6] をクリックします。
❺ タイトルに文字の効果が設定されます。

4

❶ 「二十四節気」の行頭にカーソルを移動します。
❷ Ctrl キーを押しながら Enter キーを押します。
❸ カーソル位置から改ページされます。

5

❶ タイトルの次の行のテキストボックス内にカーソルを移動します。
❷ [参考資料] タブをクリックします。
❸ [目次] グループの [目次] をクリックします。
❹ [自動作成の目次2] をクリックします。
❺ テキストボックス内に目次が挿入されます。

6

❶ [ホーム] タブをクリックします。
❷ [編集] グループの [検索] をクリックします。
❸ ナビゲーションウィンドウに「大暑」と入力します。
❹ 検索されたことを確認し、同じ行の4列目の日付を「7月23日頃」へ変更します。

プロジェクト2

1

❶ [レイアウト] タブをクリックします。
❷ [ページ設定] グループの [ページサイズの選択] (サイズ) をクリックします。
❸ [A4] をクリックします。
❹ サイズが変更されます。

2

❶ 本文 (「当社にも～」から「お申し込みください。」) を選択します。
❷ [レイアウト] タブをクリックします。
❸ [段落] グループの [前の間隔] を「0.5」に設定します。
❹ 段落前の間隔が変更されます。

3

❶ 「上長の許可は不要ですので、」を選択します。
❷ [校閲] タブをクリックします。
❸ [コメント] グループの [コメントの挿入]（新しいコメント）をクリックします。
❹ 「再度確認してください。」と入力します。
❺ [コメントを投稿する] をクリックします。
❻ コメントが挿入されます。

4

❶ 「◆来年度以降開講予定」の下の4行を選択します。
❷ [挿入] タブをクリックします。
❸ [表] グループの [表の追加]（表）をクリック
します。
❹ [文字列を表にする] をクリックします。
❺ [OK] ボタンをクリックします。
❻ 文字列が表に変換されます。

5

❶ 表の1列目にカーソルを移動します。
❷ [レイアウト] タブをクリックします。
❸ [セルのサイズ] グループの [列の幅の設定] を「30」に設定します。
❹ 同様に2列目を「86」に設定します。
❺ 同様に3列目～4列目を「20」に設定します。
❻ 列幅が変更されます。

6

❶ 「定員になり次第締め切ります。」を選択します。
❷ [ホーム] タブをクリックします。
❸ [フォント] グループの [すべての書式をクリア] をクリックします。
❹ 書式が削除されます。

7

❶ 「somu-kousei@example.com」の前にカーソルを移動します。
❷ [挿入] タブをクリックします。
❸ [記号と特殊文字] グループの [記号の挿入]（記号と特殊文字）をクリックします。
❹ [その他の記号] をクリックします。
❺ [フォント] を [Wingdings] に設定します。
❻ [コード体系] を [記号（10進）] に設定します。
❼ [文字コード] に「42」と入力します。
❽ [挿入] ボタンをクリックします。
❾ [閉じる] ボタンをクリックします。
❿ 記号が挿入されます。

プロジェクト3

1

❶ 1行目のタイトルを選択します。
❷ [ホーム] タブをクリックします。
❸ [フォント] グループの [文字の効果と体裁] をクリックします。
❹ [塗りつぶし：青、アクセントカラー1；影] をクリックします。
❺ タイトルに文字の効果が設定されます。

2

❶ 【材料】～「温めておいたオーブンで10分焼きます」の段落を選択します。
❷ [レイアウト] タブをクリックします。
❸ [ページ設定] グループの [段の追加または削除]（段組み）をクリックします。
❹ [[段組み] ダイアログボックス]（段組の詳細設定）をクリックします。
❺ [1段目を狭く] をクリックします。
❻ 1段目の [段の幅] を「22」に設定します。
❼ [間隔] を「5」に設定します。
❽ [OK] ボタンをクリックします。
❾ 【下準備】の前にカーソルを移動します。
❿ [ページ設定] グループの [ページ/セクション区切りの挿入]（区切り）をクリックします。
⓫ [段区切り] をクリックします。
⓬ 段組みが設定されます。

❶ 【作り方】の下の 10 行を選択します。
❷ ［ホーム］タブをクリックします。
❸ ［段落］グループの［段落番号］の▼をクリッ

クします。
❹ 「①、②、③」をクリックします。
❺ 段落番号が設定されます。

4

❶ 【材料】の「好みの野菜」の下の行にカーソル
を移動します。
❷ ［挿入］タブをクリックします。
❸ ［図］グループの［画像を挿入します］(画像)
をクリックします。
❹ ［ファイルから］(このデバイス) をクリックし

ます。
❺ ［素材］フォルダーに移動します。
❻ 画像「グラタン」を選択します。
❼ ［挿入］ボタンをクリックします。
❽ 画像が挿入されます。

5

❶ 画像を右クリックします。
❷ ［代替テキストを表示］をクリックします。
❸ 自動的に生成された説明を削除し、「グラタン

の写真」と入力します。
❹ ［代替テキスト］作業ウィンドウを閉じます。

6

❶ ［挿入］タブをクリックします。
❷ ［図］グループの［図形の作成］(図形) をク
リックします。
❸ ［テキストボックス］をクリックします。
❹ 画像の上部右側をドラッグします。
❺ 「イメージ写真」と入力します。
❻ ［図形の書式］タブをクリックします。

❼ ［図形のスタイル］グループの［図形の塗りつ
ぶし］をクリックします。
❽ ［塗りつぶしなし］をクリックします。
❾ ［図形のスタイル］グループの［図形の枠線］
をクリックします。
❿ ［枠線なし］をクリックします。
⓫ テキストボックスが挿入されます。

プロジェクト 4

1

❶ ［レイアウト］タブをクリックします。
❷ ［ページ設定］グループの［余白の調整］(余
白) をクリックします。
❸ ［ユーザー設定の余白］をクリックします。

❹ 上下左右の余白をすべて「20」に設定します。
❺ ［OK］ボタンをクリックします。
❻ 余白が変更されます。

2

❶ ［挿入］タブをクリックします。
❷ ［ヘッダーとフッター］グループの［ヘッダー
の追加］(ヘッダー) をクリックします。
❸ ［スライス 2］をクリックします。

❹ ［ヘッダーとフッター］タブをクリックします。
❺ ［閉じる］グループの［ヘッダーとフッターを
閉じる］をクリックします。
❻ ヘッダーが挿入されます。

3

❶ ［表示］タブをクリックします。
❷ ［表示］グループの［ナビゲーションウィンド
ウを開く］(ナビゲーションウィンドウ) に
チェックを入れます。
❸ ナビゲーションウィンドウの［はじめに］をク
リックします。

❹ ［デザイン］タブをクリックします。
❺ ［ドキュメントの書式設定］グループの［その
他］をクリックします。
❻ ［白黒 (番号付き)］をクリックします。
❼ スタイルセットが設定されます。

4

❶ 1 ページのタイトルの次の行にカーソルを移
動します。

❷ [参考資料] タブをクリックします。
❸ [目次] グループの [目次] をクリックします。
❹ [ユーザー設定の目次] をクリックします。
❺ [ページ番号を表示する] と [ページ番号を右揃えする] にチェックを入れます。

❻ [タブリーダー] に [（なし）] 以外の任意のものを設定します。
❼ [アウトラインレベル] を「2」に設定します。
❽ [OK] ボタンをクリックします。
❾ 目次が挿入されます。

5

❶ ナビゲーションウィンドウの「お辞儀」をクリックします。
❷ 1つ目の図形をクリックします。
❸ [Shift] キーを押しながら、2つ目と3つ目の図形をそれぞれクリックします。

❹ [図形の書式] タブをクリックします。
❺ [配置] グループの [オブジェクトの] 配置（配置）をクリックします。
❻ [上揃え] をクリックします。
❼ 3つの図形の上端が揃います。

6

❶ 文頭にカーソルを移動します。
❷ [校閲] タブをクリックします。
❸ [コメント] グループの [次のコメント]（次へ）をクリックします。

❹ [その他のスレッド操作] をクリックします。
❺ [スレッドを解決する] をクリックします。
❻ コメントが解決されます。

プロジェクト5

1

❶ [素材] フォルダーからPDFファイル「公園情報」を開き、地図の部分が見えるようにスクロールします。
❷ Wordの「アクセスマップ」の右側にカーソルを移動します。
❸ [挿入] タブをクリックします。

❹ [図] グループの [スクリーンショットをとる]（スクリーンショット）をクリックします。
❺ [画面の領域] をクリックします。
❻ PDFの画面が表示されるので、地図の左上から右下までドラッグします。
❼ PDFのスクリーンショットが挿入されます。

2

❶ スクリーンショットを選択します。
❷ [図の形式] タブをクリックします。
❸ [サイズ] グループの [図形の高さ] を「74」に設定します。

❹ [図のスタイル] グループの [その他] をクリックします。
❺ [透視投影、影付き、白] をクリックします。
❻ 図のスタイルが変更されます。

3

❶ [F12] キーを押します。
❷ [設問] フォルダーに移動します。
❸ ファイル名に「アクセスマップ」と入力します。

❹ [ファイルの種類] を [Word マクロ有効文書（*.docm)] に変更します。
❺ [保存] ボタンをクリックします。

プロジェクト6

1

❶ 「知っておこう！」の次の行から始まる5行を選択します。
❷ [ホーム] タブをクリックします。
❸ [段落] グループの [段落番号] の▼をクリッ

クします。
❹ [1. 2. 3.] をクリックします。
❺ 段落番号が設定されます。

2

❶ 「並走」を選択します。

❷ [段落] グループの [箇条書き] の▼をクリッ

クします。

❸ ［新しい行頭文字の定義］をクリックします。

❹ ［図］をクリックします。

❺ ［ファイルから］をクリックします。

❻ ［素材］フォルダーの「自転車.PNG」を選択します。

❼ ［挿入］ボタンをクリックします。

❽ ［OK］ボタンをクリックします。

❾ 行頭文字が設定されます。

3

❶ ［並走］の行を選択します。

❷ ［ホーム］タブをクリックします。

❸ ［クリップボード］グループの［書式のコピー/貼り付け］をダブルクリックします。

❹ 「二人乗り」をドラッグします。

❺ 同様に、「飲酒運転」「傘差し」「車の一方通行」

「犬の散歩」「スマホ」「ベル」「無灯火」「右側通行」をそれぞれドラッグします。

❻ ［クリップボード］グループの［書式のコピー/貼り付け］をクリックして終了します。

❼ 書式がコピーされます。

4

❶ 「並走」から「右側通行　自転車は自動車と同じ左側通行です」までを選択します。

❷ ［レイアウト］タブをクリックします。

❸ ［ページ設定］グループの［段の追加または削除］（段組み）をクリックします。

❹ ［［段組み］ダイアログボックス］（段組みの詳細設定）をクリックします。

❺ ［種類］の［2段］を選択します。

❻ ［境界線を引く］にチェックを入れます。

❼ ［OK］ボタンをクリックします。

❽ 「犬の散歩」の左端にカーソルを移動します。

❾ ［ページ設定］グループの［ページ/セクション区切りの挿入］（区切り）をクリックします。

❿ ［段区切り］をクリックします。

⓫ 段区切りが挿入されます。

5

❶ 自転車の画像を選択します。

❷ ［図の形式］タブをクリックします。

❸ ［配置］グループの［オブジェクトの配置］（位置）をクリックします。

❹ ［左下に配置し、四角の枠に沿って文字列を折り返す］をクリックします。

❺ 画像の配置が変更されます。

6

❶ 自転車の画像を右クリックします。

❷ ［代替テキストを表示］をクリックします。

❸ 「自転車の写真」と入力します。

❹ ［代替テキスト］作業ウィンドウを閉じます。

7

❶ F12 キーを押します。

❷ ［ファイル名］に「自転車の交通ルール」と入力します。

❸ ［ファイルの種類］を［PDF］に変更します。

❹ ［発行後にファイルを開く］のチェックを外します。

❺ ［保存］ボタンをクリックします。

第4回模擬試験

プロジェクト1

1

❶ 見出し「焚火」の行にカーソルを移動するか範囲選択します。

❷ ［ホーム］タブをクリックします。

❸ ［段落］グループの［箇条書き］の▼をクリックします。

❹ ［新しい行頭文字の定義］をクリックします。

❺ ［記号］をクリックします。

❻ ［フォント］を［Wingdings2］に変更します。

❼ ［コード体系］を［16進数］にします。

❽ ［文字コード］に「00F9」と入力します。

❾ [OK] ボタンをクリックします。　　　　　　⓫ 行頭文字が設定されます。
❿ [OK] ボタンをクリックします。

2

❶ 見出し「焚火」を選択します。　　　　　　　❺ 同様に見出し「蜂」「川遊び」「バーベキュー」
❷ [ホーム] タブをクリックします。　　　　　　　をドラッグします。
❸ [クリップボード] グループの [書式のコピー　❻ [クリップボード] グループの [書式のコピー
　/貼り付け] をダブルクリックします。　　　　　/貼り付け] をクリックして終了します。
❹ 見出し「ランタン」をドラッグします。

3

❶ 見出し「蜂」の内容文の下の行にカーソルを移　❽ [サイズ] グループの [図形の高さ] を「35」
　動します。　　　　　　　　　　　　　　　　　に設定します。
❷ [挿入] タブをクリックします。　　　　　　　❾ [3Dモデルビュー] グループの [その他] をク
❸ [図] グループの [3Dモデル] をクリックしま　　　リックします。
　す。　　　　　　　　　　　　　　　　　　　❿ [右上] をクリックします。
❹ 「蜂」と入力します。　　　　　　　　　　　⓬ [レイアウトオプション] をクリックします。
❺ 任意の3Dモデルをクリックします。　　　　⓭ [四角形] をクリックします。
❻ [挿入] ボタンをクリックします。　　　　　⓮ 見出し「蜂」の内容文の右側へ移動します。
❼ [3Dモデル] タブをクリックします。　　　　⓯ 3Dモデルが挿入・編集されます。

4

❶ 1ページ上部の青い枠内にカーソルを移動し　❺ [書式] を [ファンシー] に設定します。
　ます。　　　　　　　　　　　　　　　　　　❻ [アウトラインレベル] を [1] に設定します。
❷ [参考資料] タブをクリックします。　　　　　❼ [OK] ボタンをクリックします。
❸ [目次] グループの [目次] をクリックします。　❽ 目次が挿入されます。
❹ [ユーザー設定の目次] をクリックします。

5

❶ Ctrl キーを押しながら目次の「バーベキュー」　❽ 1行目に「森林浴」、2行目に「星空」、3行目
　をクリックします。　　　　　　　　　　　　　に「釣り」を入力します。
❷ ジャンプした先の内容文の下の行にカーソル　❾ [SmartArtのデザイン] タブをクリックしま
　を移動します。　　　　　　　　　　　　　　　す。
❸ [挿入] タブをクリックします。　　　　　　　❿ [SmartArtのスタイル] グループの [色の変
❹ [図] グループの [SmartArtグラフィックの　　　更] をクリックします。
　挿入] (SmartArt) をクリックします。　　　⓫ [カラフル-全アクセント] をクリックします。
❺ [歯車] をクリックします。　　　　　　　　⓬ [SmartArtのスタイル] グループの [光沢] を
❻ [OK] ボタンをクリックします。　　　　　　　クリックします。
❼ テキストウィンドウを表示します。　　　　　⓭ SmartArtが挿入・編集されます。

6

❶ SmartArtグラフィックの白い部分を右ク　　　❸ [キャンプの楽しみ] と入力します。
　リックします。　　　　　　　　　　　　　　❹ [代替テキスト] 作業ウィンドウを閉じます。
❷ [代替テキストを表示] をクリックします。

プロジェクト2

1

❶ [挿入] タブをクリックします。　　　　　　　❸ [スクロール：横] をクリックします。
❷ [図] グループの [図形の作成] (図形) をク　　❹ 文書の先頭をドラッグして図形を作成します。
　リックします。　　　　　　　　　　　　　　❺ 「春の体験会のご案内」と入力します。

❻ ［図形の書式］タブをクリックします。

❼ ［サイズ］グループの［図形の高さ］を「22」に設定します。

❽ ［サイズ］グループの［図形の幅］を「100」に設定します。

❾ ［図形のスタイル］グループの［その他］ボタンをクリックします。

❿ ［パステル-緑、アクセント6］をクリックします。

⓫ ［配置］グループの［オブジェクトの配置］（配置）をクリックします。

⓬ ［オブジェクトを中央に揃える］（左右中央揃え）をクリックします。

⓭ 図形の外枠線をクリックして図形全体を選択します。

⓮ ［ホーム］タブをクリックします。

⓯ ［フォント］グループの［フォントサイズ］を「14」に設定します。

⓰ 図形が挿入されます。

2

❶ 表内にカーソルを移動します。

❷ ［レイアウト］タブをクリックします。

❸ ［配置］グループの［セルの配置］をクリックします。

❹ ［既定のセルの余白］の［上］に「0.5」、［下］に「0.5」に、［左］に「1.5」、右に「1.5」を設定します。

❺ ［OK］ボタンをクリックします。

❻ セルの余白が変更されます。

3

❶ コメントの［その他のスレッド操作］をクリックします。

❷ ［スレッドの削除］をクリックします。

❸ コメントが削除されます。

4

❶ 表の10行目（2つ目の「教室名」）の行にカーソルを移動します。

❷ ［レイアウト］タブをクリックします。

❸ ［結合］グループの［表の分割］をクリックします。

❹ 1つ目と2つ目の表の間に「◆スポーツ系」と入力します。

❺ 表が分割され、表にタイトルが追加されます。

5

❶ 表内の「トーンチャイム」の後ろにカーソルを移動します。

❷ ［参考資料］タブをクリックします。

❸ ［脚注］グループの［脚注の挿入］をクリックします。

❹ 「アルミ合金製のパイプを吹いて共鳴させる楽器」と入力します。

プロジェクト 3

1

❶ ［ファイル］タブをクリックします。

❷ ［オプション］をクリックします。

❸ ［表示］をクリックします。

❹ ［背景の色とイメージを印刷する］にチェックを入れます。

❺ ［OK］ボタンをクリックします。

2

❶ Ctrl キーを押しながら End キーを押して文末へジャンプします。

❷ ［挿入］タブをクリックします。

❸ ［図］グループの［画像を挿入します］（画像）をクリックします。

❹ ［ファイルから］（このデバイス）をクリックします。

❺ ［素材］フォルダーへ移動します。

❻ ［血管］を選択します。

❼ ［挿入］ボタンをクリックします。

❽ ［図の形式］タブをクリックします。

❾ ［サイズ］グループの［図形の幅］を「55」に設定します。

❿ ［配置］グループの［オブジェクトの配置］（位置）をクリックします。

⓫ ［右下に配置し、四角の枠に沿って文字を折り返す］をクリックします。

⓬ 図形が挿入され、サイズと配置が変更されます。

❶ ［ファイル］タブをクリックします。
❷ ［情報］をクリックします。
❸ ［プロパティ］をクリックします。
❹ ［詳細プロパティ］をクリックします。
❺ ［タイトル］に「健康だよりVol.13」と入力し

ます。
❻ サブタイトルに「技評保健」と入力します。
❼ ［OK］ボタンをクリックします。
❽ Esc キーを押して元の画面へ戻ります。

4

❶ 34行目の「kenkoXX@gihyo.00.jp」の前に
カーソルを移動します。
❷ ［挿入］タブをクリックします。
❸ ［記号と特殊文字］グループの［記号の挿入］
（記号と特殊文字）をクリックします。
❹ ［ダイアログボックスから記号を挿入］（その
他の記号）をクリックします。

❺ ［フォント］を［Wingdings］に設定します。
❻ ［コード体系］を［記号（16進数）］に設定しま
す。
❼ ［文字コード］に「002a」と入力します。
❽ ［挿入］ボタンをクリックします。
❾ ［閉じる］ボタンをクリックします。
❿ 記号が挿入されます。

5

❶ ［校閲］タブをクリックします。
❷ ［変更履歴］グループの［変更履歴の記録］を
クリックします。
❸ 3行目の「差します」を「指します」へ修正し
ます。
❹ 4行目の「生活習慣などによって、」の後ろに
「血管の老化スピードが速くなり、」を入力し
ます。
❺ 9行目の「挙げて」を「上げて」へ修正します。

❻ 11行目の「メタボリックシンドロームを招
き、」の後ろに「放置すると」を入力します。
❼ 26行目～30行目を選択します。
❽ ［ホーム］タブをクリックします。
❾ ［段落］グループの［箇条書き］の▼をクリッ
クします。
❿ ［●］をクリックします。
⓫ 履歴が記録されます。

6

❶ ［校閲］タブをクリックします。
❷ ［変更履歴］グループの［変更履歴の記録］の
▼をクリックします。

❸ ［変更履歴のロック］をクリックします。
❹ ［OK］ボタンをクリックします。

プロジェクト4

1

❶ 1つ目の表の1行目（「コース」から「ブロン
ズコース」）を選択します。
❷ ［ホーム］タブをクリックします。
❸ ［クリップボード］グループの［書式のコピー

/貼り付け］をクリックします。
❹ 2つ目の表の1行目（「順序」から「ブロンズ
対応」）をドラッグします。
❺ 書式がコピーされます。

2

❶ 2つ目の表の1列目にカーソルを移動します。
❷ ［レイアウト］タブをクリックします。
❸ ［データ］グループの［並べ替え］をクリック
します。

❹ ［最優先されるキー］に［順序］を設定します。
❺ ［昇順］をオンに設定します。
❻ ［OK］ボタンをクリックします。
❼ 順序の小さい順に並べ替えられます。

3

❶ 1つ目の表の2列目～4列目を選択します。
❷ ［レイアウト］タブをクリックします。
❸ ［セルのサイズ］グループの［幅を揃える］を
クリックします。

❹ 幅が揃えられます。

4

❶ 28行目（「◆◆ご予約/お問い合わせ◆◆」の行）の行頭にカーソルを移動します。
❷ [ホーム] タブをクリックします。
❸ [段落] グループのダイアログボックス起動

ツール（[段落の設定]）をクリックします。
❹ [インデント] の [左] を「20」に設定します。
❺ [OK] ボタンをクリックします。
❻ インデントが設定されます。

5

❶ 34行目（「PETがん検診　ご優待券」の上の上の行）の行頭にカーソルを移動します。
❷ [レイアウト] タブをクリックします。
❸ [ページ設定] グループ [ページ/セクション区切りの挿入]（区切り）をクリックします。

❹ [セクション区切り] の [次のページから開始] をクリックします。
❺ セクション区切りが挿入され、カーソル位置が次のセクションに移動します。

6

❶ 2ページ目にカーソルを移動します。
❷ [レイアウト] タブをクリックします。
❸ [ページ設定] グループのダイアログボックス起動ツール（[ページ設定]）をクリックします。
❹ [用紙] タブをクリックします。
❺ [用紙サイズ] を [ハガキ] に設定します。

❻ [余白] タブをクリックします。
❼ [余白] の [上] を「10」、[下] を「10」、[左] を「15」、[右] を「15」に設定します。
❽ [印刷の向き] を [横] に設定します。
❾ [OK] ボタンをクリックします。
❿ 2ページ目のページ設定が変更されます。

7

❶ [デザイン] タブをクリックします。
❷ [ページの背景] グループの [ページの色] をクリックします。

❸ [緑、アクセント6、白+基本色80%] をクリックします。
❹ ページの背景色が設定されます。

プロジェクト5

1

❶ [ホーム] タブをクリックします。
❷ [編集] グループの [置換] をクリックします。
❸ [検索する文字列] に「のんびり」と入力します。
❹ [置換後の文字列] に「リラックス」と入力します。

❺ [すべて置換] ボタンをクリックします。
❻ [OK] ボタンをクリックします。
❼ [検索と置換] ダイアログボックスの [閉じる] ボタンをクリックします。
❽ 文字列が置換されます。

2

❶ 文頭にカーソルを移動します。
❷ [ホーム] タブをクリックします。
❸ [編集] グループの [置換] をクリックします。
❹ [検索する文字列] に「ストレス」と入力します。
❺ [置換後の文字列] ボックス内の文字を削除します。
❻ [オプション] ボタンをクリックします。
❼ [書式] ボタンをクリックします。
❽ [フォント] をクリックします。
❾ [スタイル] を [太字 斜体] に設定します。
❿ [フォントの色] を [赤] に設定します。
⓫ [OK] ボタンをクリックします。
⓬ [次を検索] をクリックします。

⓭ 先頭の「ストレス」にジャンプするので、[置換] をクリックします。
⓮ 見出しの「ストレス」にジャンプするので、[次を検索] をクリックします。
⓯ 同様に、見出し以外の「ストレス」で、[置換] を数回クリックします。
⓰ [OK] ボタンをクリックします。
⓱ [検索と置換] ダイアログボックスの [閉じる] ボタンをクリックします。
⓲ 見出し以外の「リラックス」の文字列に書式が設定されます。

3

❶ 「★適度な睡眠」の下の内容文を選択します。

❷ Ctrl キーを押しながら「★継続的な運動」の下の内容文を選択します。

❸ 同様に Ctrl キーを押しながら「★よく笑う」「★ストレスを溜めない」「★体温を上げる」「★バランスの良い食事」を選択します。

❹ [ホーム] タブをクリックします。

❺ [段落] グループの [インデントを増やす] をクリックします。

❻ すべての見出しの内容文にインデントが設定されます。

4

❶ [デザイン] タブをクリックします。

❷ [ドキュメントの書式設定] の [影付き] をク

リックします。

❸ スタイルセットが設定されます。

5

❶ [表示] タブをクリックします。

❷ [表示] グループの [ナビゲーションウィンドウを開く] (ナビゲーションウィンドウ) にチェックを入れます。

❸ ナビゲーションウィンドウの見出し「★体温を上げる」をクリックします。

❹ Ctrl キーを押しながら Enter を押します。

❺ カーソル位置から改ページされます。

6

❶ 文末にカーソルを移動します。

❷ [挿入] タブをクリックします。

❸ [図] グループの [SmartArt グラフィックの挿入] (SmartArt) をクリックします。

❹ [複数レベル対応の横方向階層] をクリックします。

❺ [OK] ボタンをクリックします。

❻ テキストウィンドウを表示します。

❼ テキストウィンドウの1行目に「免疫力アップ」、2行目に「ヨーグルト」、3行目に「お酢」、4行目に「にんにく」を入力します。

❽ Enter キーを押して5行目に「のり」、Enter キーを押して6行目に「緑茶」、Enter キーを押して7行目に「きのこ」と入力します。

❾ SmartArt グラフィックが完成します。

7

❶ SmartArt グラフィックを選択します。

❷ [SmartArt のデザイン] タブをクリックします。

❸ [SmartArt のスタイル] グループの [色の変更] をクリックします。

❹ [グラデーション 透過 - アクセント1] をク

リックします。

❺ [SmartArt のスタイル] グループの [凹凸] をクリックします。

❻ SmartArt グラフィックの書式が変更されます。

プロジェクト6

1

❶ 3D モデルを選択します。

❷ [3D モデル] タブをクリックします。

❸ [3D モデルビュー] グループの [その他] をク

リックします。

❹ [右上前面] をクリックします。

❺ 3D モデルビューが変更されます。

2

❶ [ファイル] タブをクリックします。

❷ [情報] をクリックします。

❸ [問題のチェック] をクリックします。

❹ [互換性チェック] をクリックします。

❺ [OK] ボタンをクリックします。

第5回模擬試験

プロジェクト1

1

❶ 1行目を選択します。
❷ [ホーム] タブをクリックします。
❸ [クリップボード] グループの [書式のコピー /貼り付け] をクリックします。
❹ 8行目「まずは1位〜5位！」をドラッグします。
❺ [フォント] グループの [フォントサイズ] を

[12] に設定します。
❻ [クリップボード] グループの [書式のコピー /貼り付け] をクリックします。
❼ 24行目の「続いて6位〜10位！」をドラッグします。
❽ 書式が貼り付けられます。

2

❶ 25行目の「1.電子メモパッド」の行頭番号を右クリックします。

❷ [自動的に番号を振る] をクリックします。
❸ 前の段落からの連番に設定されます。

3

❶ 「8. ダブルクリップ」の後ろにカーソルを移動します。
❷ [挿入] タブをクリックします。
❸ [記号と特殊文字] グループの [記号の挿入] (記号と特殊文字) をクリックします。
❹ [ダイアログボックスから記号を挿入] (その

他の記号) をクリックします。
❺ [特殊文字] タブをクリックします。
❻ [R　登録商標] をクリックします。
❼ [挿入] ボタンをクリックします。
❽ [閉じる] ボタンをクリックします。
❾ 登録商標マークが挿入されます。

4

❶ [ファイル] タブをクリックします。
❷ [情報] をクリックします。
❸ [問題のチェック] をクリックします。
❹ [ドキュメント検査] をクリックします。保存のメッセージが表示された場合は「はい」をクリックします。
❺ [検査] ボタンをクリックします。

❻ [コメント、変更履歴、バージョン] の [すべて削除] ボタンをクリックします。
❼ [ヘッダー、フッター、透かし] の [すべて削除] ボタンをクリックします。
❽ [閉じる] ボタンをクリックします。
❾ [Esc] キーを押して元の画面に戻ります。

5

❶ [F12] キーを押します。
❷ [ファイル名] に「文房具ランキング」と入力します。
❸ [ファイル形式] を [PDF] に変更します。

❹ [発行後にファイルを開く] にチェックを入れます。
❺ [保存] ボタンをクリックします。
❻ 開いたPDFファイルを閉じます。

プロジェクト2

1

❶ 1行目のタイトルを選択します。
❷ [ホーム] タブをクリックします。
❸ [フォント] グループの [文字の効果と体裁] をクリックします。

❹ [塗りつぶし：白；輪郭：オレンジ-アクセントカラー2；影 (ぼかしなし)：オレンジ、アクセントカラー2] をクリックします。
❺ タイトルに文字飾りが設定されます。

2

❶ 「1.当事業所について」を選択します。
❷ Ctrl キーを押しながら「2.お仕事の内容」と「3.働く時間」をそれぞれ選択します。
❸ [ホーム] タブをクリックします。
❹ [段落] グループの [箇条書き] の▼をクリックします。
❺ [■] をクリックします。
❻ 箇条書きが設定されます。

3

❶ 「■当事業所について」から「～午後だけなどのご希望も考慮します。」の段落を選択します。
❷ [レイアウト] タブをクリックします。
❸ [ページ設定] グループの [段の追加または削除] (段組み) をクリックします。
❹ [3段] をクリックします。
❺ 「■お仕事について」の行頭にカーソルを移動します。
❻ [ページ設定] グループの [ページ/セクション区切りの挿入] (区切り) をクリックします。
❼ [段区切り] をクリックします。
❽ 「■働く時間」の行頭にカーソルを移動します。
❾ F4 キーを押して繰り返します。
❿ 3段組みが設定されます。

4

❶ SmartArtグラフィックを選択します。
❷ [SmartArtのデザイン] タブをクリックします。
❸ [レイアウト] グループの [その他] をクリックします。
❹ [その他のレイアウト] をクリックします。
❺ [カード型リスト] をクリックします。
❻ [OK] ボタンをクリックします。
❼ [SmartArtのスタイル] グループの [色の変更] をクリックします。
❽ [カラフル-アクセント3から4] をクリックします。
❾ SmartArtグラフィックが変更されます。

5

❶ SmartArtグラフィックを選択します。
❷ テキストウィンドウを表示し、「家具の組み立て」の後ろにカーソルを移動して Enter キーを押します。
❸ 「犬の散歩」と入力します。
❹ SmartArtグラフィックに文字列が追加されます。

6

❶ 文末にカーソルを移動します。
❷ [挿入] タブをクリックします。
❸ [図] グループの [図形の作成] (図形) をクリックします。
❹ [フレーム] をクリックします。
❺ ドラッグして図形を描きます。
❻ [図形の書式] タブをクリックします。
❼ [サイズ] グループの [図形の高さ] を「35」、[図形の幅] を「100」に設定します。
❽ [図形のスタイル] グループの [その他] をクリックします。
❾ [パステル-ゴールド、アクセント4] をクリックします。
❿ 図形の1行目に「下記URLからエントリーをお願いします」、2行目に「http://gihyo-sample.XX.XX」、3行目「03-0000-0000」と入力します。

7

❶ 図形の「03-0000-0000」を選択します。
❷ [ホーム] タブをクリックします。
❸ [フォント] グループのダイアログボックス起動ツール ([フォント]) をクリックします。
❹ [隠し文字] にチェックを入れます。
❺ [OK] ボタンをクリックします。
❻ 文字列が隠し文字に設定されます。

プロジェクト3

1

❶ 変更履歴の設定されている行の左端にある灰色の線（[変更履歴を非表示にします。]）をク

リックします。

❷ 変更履歴が非表示になります。

2

❶ 文頭にカーソルを移動します。
❷ [挿入] タブをクリックします。
❸ [表] グループの [表の追加]（表）をクリックします。
❹ マス目一つの部分でクリックします。
❺ 「宿泊約款」と入力します。

❻ 「宿泊約款」を選択します。
❼ [ホーム] タブをクリックします。
❽ [フォント] グループの [フォントサイズ] を [12] に設定します。
❾ 表が挿入され、書式が変更されます。

3

❶ 第2条の「2.宿泊者名」から「5.その他当ホテルが必要と認める事項」の段落を選択します。

❷ [Tab] キーを押します。
❸ 選択した範囲のレベルが1つ下がります。

4

❶ 「（料金の支払い）」の下の行の「第1条」を右クリックします。

❷ [自動的に番号を振る] をクリックします。
❸ 前の見出しからの連番に変更になります。

5

❶ 変更履歴の設定されている行の左端にある赤い線（[変更履歴を表示します。]）をクリック

します。

❷ 変更履歴が表示されます。

6

❶ [校閲] タブをクリックします。
❷ [変更履歴] グループの [変更履歴の記録] の ▼ をクリックします。
❸ [変更履歴のロック] をクリックします。
❹ [パスワード] に「shukuhaku」と入力しま

す。

❺ [OK] ボタンをクリックします。
❻ [変更履歴] グループの [変更履歴の記録] をクリックします。

プロジェクト4

1

❶ 1行目のタイトルを選択します。
❷ [ホーム] タブをクリックします。
❸ [フォント] グループの [文字の効果と体裁] をクリックします。
❹ [塗りつぶし：青、アクセントカラー1；影] をクリックします。

❺ 再度、[フォント] グループの [文字の効果と体裁] をクリックします。
❻ [反射] をポイントし、[反射（強）：4Pt オフセット] をクリックします。
❼ タイトルに書式が設定されます。

2

❶ 2ページ目のカレンダーのイラストを選択します。
❷ [図の形式] タブをクリックします。
❸ [配置] グループの [オブジェクトの配置]（位

置）をクリックします。
❹ [右下に配置し、四角の枠に沿って文字列を折り返す] をクリックします。
❺ イラストの配置が変更されます。

3

❶ 表の1行目にカーソルを移動します。

❷ [レイアウト] タブをクリックします。

❸ [データ] グループの [タイトル行の繰り返し] をクリックします。

❹ 2ページ目にも表のタイトルが表示されます。

4

❶ 表内にカーソルを移動します。

❷ [レイアウト] タブをクリックします。

❸ [配置] グループの [セルの配置] をクリックします。

❹ [セルの間隔を指定する] にチェックを入れま

す。

❺ 「1」と入力します。

❻ [OK] ボタンをクリックします。

❼ セルの間隔が変更されます。

5

❶ 表内の7月31日の「コアラの日」を選択します。

❷ [挿入] タブをクリックします。

❸ [リンク] グループの [リンク] をクリックします。

❹ [リンク先：] の [このドキュメント内] をクリックします。

❺ [ドキュメント内の場所] の [ブックマーク] の [コアラ] をクリックします。

❻ [OK] ボタンをクリックします。

❼ Ctrl キーを押しながら、「コアラの日」をクリックします。

❽ ブックマーク「コアラ」へジャンプします。

6

❶ コアラの画像を選択します。

❷ [図の形式] タブをクリックします。

❸ [調整] グループの [図のリセット] をクリッ

クします。

❹ 画像がリセットされます。

7

❶ コアラの画像のページにカーソルを移動します。

❷ [レイアウト] タブをクリックします。

❸ [ページ設定] グループの [ページの向きを変

更] (印刷の向き) をクリックします。

❹ [横] をクリックします。

❺ ページが横向きに変更されます。

8

❶ コアラの画像のページにカーソルを移動します。画像を選択している場合は解除します。

❷ [挿入] タブをクリックします。

❸ [テキスト] グループの [テキストボックスの

選択] (テキストボックス) をクリックします。

❹ [オースティン-サイドバー] をクリックします。

❺ テキストボックスが挿入されます。

プロジェクト5

1

❶ 5行目にカーソルを移動します。

❷ [挿入] タブをクリックします。

❸ [図] グループの [画像を挿入します] (画像) をクリックします。

❹ [ファイルから] (このデバイス) をクリックし

ます。

❺ [素材] フォルダーに移動します。

❻ [特殊詐欺状況グラフ] を選択します。

❼ [挿入] ボタンをクリックします。

❽ 画像が挿入されます。

2

❶ [デザイン] タブをクリックします。

❷ [ドキュメントの書式設定] グループの [線

(スタイリッシュ)] をクリックします。

❸ 文書にスタイルセットが設定されます。

3

❶ [参考資料] タブをクリックします。

❷ [脚注] グループのダイアログボックス起動

ツール（[脚注と文末脚注]）をクリックします。

❸ [変換] ボタンをクリックします。

❹ [OK] ボタンをクリックします。

❺ [閉じる] ボタンをクリックします。

❻ 脚注が文末脚注へ変更されます。

4

❶ [校閲] タブをクリックします。

❷ [コメント] グループの [コメントの削除]（削除）の▼をクリックします。

❸ [ドキュメント内のすべてのコメントを削除] をクリックします。

❹ コメントが削除されます。

5

❶ [ファイル] タブをクリックします。

❷ [情報] をクリックします。

❸ [プロパティ] の [タグ] に「統計データ」と入

力し、[Enter] キーで確定します。

❹ [Esc] キーを押して元の画面に戻ります。

6

❶ [ファイル] タブをクリックします。

❷ [情報] をクリックします。

❸ [問題のチェック] をクリックします。

❹ [アクセシビリティチェック] をクリックします。

❺ [図1] の▼をクリックします。

❻ [説明を追加] をクリックします。

❼ 「被害状況のグラフ」と入力します（既に文字が入力されている場合は削除します）。

❽ [代替テキスト] 作業ウィンドウを閉じます。

❾ [アクセシビリティ] 作業ウィンドウを閉じます。

7

❶ スタートボタンを右クリックします。

❷ [タスクマネージャー] をクリックします。

❸ Wordに戻り、「ウィルス感染トラブル」の最終行にカーソルを移動します。

❹ [挿入] タブをクリックします。

❺ [図] グループの [スクリーンショットをとる]

（スクリーンショット）をクリックします。

❻ [画面の領域] をクリックします。

❼ タスクマネージャーの画面の左上から右下までドラッグします。

❽ タスクマネージャーの画像が挿入されます。